MACHINES

APPROUVÉES

PAR L'ACADEMIE

ROYALE

DES SCIENCES.

TOME PREMIER.

MACHINES ET INVENTIONS APPROUVÉES PAR L'ACADEMIE ROYALE DES SCIENCES,

DEPUIS SON ÉTABLISSEMENT jusqu'à present; avec leur Description.

Dessinées & publiées du consentement de l'Académie, par M. GALLON.

TOME PREMIER.

Depuis 1666. jusqu'en 1701.

A PARIS,

Chez { GABRIEL MARTIN, JEAN-BAPTISTE COIGNARD, Fils, HIPPOLYTE-LOUIS GUERIN, } Ruë S. Jacques.

MDCCXXXV.

AVEC PRIVILEGE DU ROY.

AVERTISSEMENT.

L'ETUDE de la Méchanique & des Machines utiles aux Arts, à laquelle je me suis toûjours appliqué, m'ayant conduit au dépôt des Modéles des Machines & Inventions conservés par l'Académie des Sciences dans l'Observatoire Royal, je sentis en les examinant combien il seroit utile pour le Public de lui faire connoître ces Inventions d'une maniére un peu plus détaillée qu'elles ne le sont dans l'Histoire de l'Académie. Je compris tout d'un coup que par-là une infinité de personnes qui avoient du goût pour les Machines, pourroient, en ayant celles-ci sous les yeux, y puiser des idées capables de les perfectionner, ou d'en faire imaginer de nouvelles : Que des gens même qui n'auroient aucune connoissance exacte des Méchaniques, comme la plûpart des Artisans, & autres Ouvriers, pourroient contribuer par le moyen de ce Recueil, à la perfection de ces Machines, ou de l'Art des Machines en général.

J'eus l'honneur de présenter à l'Académie mes Reflexions là-dessus, & je lui demandai la permission de publier un Recueil de Desſeins, avec des Deſcriptions ſuccintes de chacune de ces Machines qu'Elle avoit éxaminées, où dont elle avoit fait conſtruire des Modéles. Cette Compagnie, qui ſentit l'utilité de ce travail, m'accorda cette Permiſſion par une Déliberation expreſſe des 21. & 26. Janvier 1729. & Elle nomma MM. de Reaumur & de Mairan pour Commiſſaires de cette collection. Tous les Deſſeins qui la compoſent leur ont été préſentés, & ils ſont revêtus de leur Approbation.

Ce Recueil renferme Trois cens ſoixante dix-ſept Machines ou Inventions différentes, repréſentées en Quatre cens trente-deux Planches. Elles y ſont aſſez développées pour qu'on puiſſe les entendre parfaitement, & même les faire éxécuter, s'il étoit néceſſaire. Dans celles qui ſont un peu plus compoſées, j'ai ajouté des Plans & différens Profils qui les préſentent aux yeux de tous les ſens.

Dans ce grand nombre il y en a quelques unes, mais peu, dont je n'ai trouvé d'abord que le nom & l'uſage en général, tels que l'Hiſtoire de l'Académie les rapporte. Leurs Modéles & leurs Deſcriptions faites par les Auteurs mêmes ne ſe ſont point rencontrées: dans ce cas, pour rendre ma Collection complette, j'ai été obligé d'avoir recours aux Auteurs mêmes, ou, les Auteurs étant morts, à des Ouvriers qui avoient travaillé pour eux.

J'ai ajouté quelques Machines connuës & actuellement en usage, à d'autres de même nature approuvées par l'Académie; & cela lorsque j'ai cru que le Parallele que j'en ferois seroit utile, ou que le Lecteur pourroit le faire de lui-même, sans en donner de ma part aucune comparaison détaillée.

Dans quelques Machines, j'ai été obligé de m'écarter des régles de la Perspective; parce qu'en les suivant j'aurois caché certaines parties essentielles à l'intelligence du Dessein, & j'ai crû qu'il valoit mieux éviter cet inconvenient que l'autre. J'ai eu soin de marquer en lignes ponctuées les différentes positions des Piéces en repos ou en mouvement, les chemins décrits par ces Piéces dans certains Jeux des Machines; & ces traces sont marquées des mêmes lettres que les Piéces mêmes; mais avec cette difference, que celles-ci le sont par des lettres capitales, & les autres par des lettres italiques. A l'égard des Descriptions, mon dessein n'a été que de les étendre assez pour donner la connoissance de chaque Machine & de ses Parties, pour en donner la construction, & pour en indiquer l'usage: j'ai seulement ajoûté quelquefois le Calcul des Forces nécessaires pour les faire agir, & des effets qu'elles pouvoient produire.

Pour rendre ce Recueil plus complet, j'ai

crû devoir y ajouter les neuf Machines inventées par M. Perrault, qui avoient déja paru imprimées, & qui étoient devenuës rares : celles de ce même Auteur qui se sont trouvées dans les Registres de l'Académie, & qui paroissent ici pour la premiere fois, m'ont déterminé à la reïmpression des premieres : ces Machines se trouvent à la tête du premier Volume de cette Collection.

J'ai crû devoir ranger les Machines suivant l'ordre chronologique, le même qu'elles ont dans l'Histoire de l'Académie ; & j'ai pour cet effet distingué les Années dans chaque Volume. Ces Machines sont toutes numerotées de suite ; & à la tête de chaque Volume on a mis, outre une Table de ce qui y est contenu, un Ordre pour placer chaque Planche suivant les Numeros, afin d'éviter la confusion de la part des Relieurs.

On trouvera à la fin du sixiéme Teme une Table Alphabetique de ces Machines, par le nom des Auteurs, & par le mot de la matiere ; de façon que l'on pourra voir d'un coup d'œil & de suite toutes les Inventions d'un même Auteur, & toutes celles qui regardent le même sujet, ou qui ont le même usage.

TABLE DES MACHINES

Contenuës dans ce premier Volume.

Années depuis 1666. jusqu'à 1699.

ANNÉE 1699.

ANNÉE 1700.

ANNÉE 1701.

ORDRE POUR PLACER LES FIGURES de ce premier Volume.

RECUEIL

PRIVILEGE GENERAL.

LOUIS PAR LA GRACE DE DIEU ROI DE FRANCE ET DE NAVARRE : A nos amés & feaux Conseillers les gens tenans nos Cours de Parlement, Maîtres des Requêtes ordinaires de notre Hôtel, Grand Conseil, Prevôt de Paris, Baillifs, Sénéchaux, leurs Lieutenans Civils, & autres nos Justiciers qu'il appartiendra, SALUT. Notre ACADEMIE ROYALE DES SCIENCES, Nous a très-humblement fait exposer, que depuis qu'il nous a plû lui donner par un Réglement nouveau de nouvelles marques de notre affection, Elle s'est appliquée avec plus de soin à cultiver les Sciences qui sont l'objet de ses exercices, ensorte qu'outre les Ouvrages qu'Elle a déja donnés au Public, elle seroit en état d'en produire encore d'autres, s'il nous plaisoit lui accorder de nouvelles Lettres de Privilege, attendu que celles que nous lui avons accordées en date du six Avril mil six cent quatre-vingt-dix-neuf, n'ayant point eu de tems limité, ont été déclarées nulles par un Arrêt de notre Conseil d'Etat du treize Août mil sept cent treize, celles de mil sept cent quatre, & celles de mil sept cent dix-sept, étant aussi expirées ; & desirant donner à notredite Académie en corps, & en particulier, & à chacun de ceux qui la composent, toutes les facilités & les moyens qui peuvent contribuer à rendre leurs travaux utiles au Public ; Nous avons permis & permettons par ces Présentes, à notredite Académie, de faire imprimer, vendre ou débiter, dans tous les lieux de notre obéïssance, par tel Imprimeur ou Libraire qu'Elle voudra choisir, *Toutes les Recherches, ou Observations journalieres, ou Relations annuelles de tout ce qui aura été fait dans les Assemblées de notredite Académie Royale des Sciences ; comme aussi les Ouvrages, Mémoires, ou Traités de chacun des particuliers qui la composent ; & généralement tout ce que ladite Académie jugera à propos de faire paroître, après avoir fait examiner lesdits Ouvrages, & jugé qu'ils sont dignes de l'impression* ; & ce pendant le tems & espace de QUINZE ANNÉES consecutives à compter du jour de la date desdites Présentes. Faisons défenses à toutes sortes de personnes, de quelque qualité & condition qu'elles soient, d'en introduire d'impression étrangére dans aucun lieu de notre obéïssance ; comme aussi à tous Imprimeurs, Libraires, & autres d'imprimer ou faire imprimer, vendre, faire vendre, débiter, ni contrefaire aucuns desdits Ouvrages ci-dessus specifiés, en tout ni en partie, ni d'en faire aucuns Extraits, sous quelque prétexte que ce soit, d'augmentation, correction, changement de titre, feuilles même séparées, ou autrement, sans la permission expresse & par écrit de notredite Académie, ou de ceux qui auront droit d'Elle, & ses ayans cause; à peine de confiscation des Exemplaires contrefaits, de *Dix mille livres d'amende* contre chacun des contrevenans, dont un tiers à Nous, un tiers à l'Hôtel-Dieu de Paris, l'autre tiers au Dénonciateur; & de tous dépens, dommages & intérêts; à la charge que ces Présentes seront enregistrées tout au long sur le Régistre de la Communauté des Libraires & Imprimeurs de Paris, dans trois mois de la date d'icelles; que l'impression desdits ouvrages sera faite dans notre Royaume, & non ailleurs; & que notredite Académie se conformera en tout aux Réglemens de la Librairie; & notamment à celui du dixiéme Avril mil sept cent vingt-cinq; & qu'avant que de les exposer en vente, les Manuscrits ou Imprimés qui auront servi de Copie à l'impression desd. Ouvrages, seront remis dans le même état, avec les Approbations & Certificat qui en auront été donnés ès mains de notre très-cher & féal Chevalier Garde des Sceaux de France le Sieur CHAUVELIN; & qu'il en sera ensuite remis deux Exemplaires de chacun dans notre Bibliotheque publique, un dans celle de notre Château du Louvre, & un dans celle de notredit très-cher & féal Chevalier Garde des Sceaux de France le Sieur CHAUVELIN; le tout à peine de nullité des Présentes. Du contenu desquelles vous mandons & enjoignons de faire jouir notredite Académie, ou ceux qui auront droit d'elle & ses ayans cause, pleinement & paisiblement, sans souffrir qu'il leur soit fait aucun trouble ou empêchement: Voulons que la copie desdites Présentes qui sera imprimée tout au long au commencement ou à la fin desd. Ouvrages, soit tenuë pour dûement signifiée, & qu'aux copies collationnées par l'un de nos amés & féaux Conseillers & Secretaires, foi soit ajoûtée comme à l'Original. Commandons au premier notre Huissier ou Sergent de faire pour l'exécution d'icelles tous actes requis & nécessaires, sans demander autre permission, & nonobstant clameur de Haro, Chartre Normande & Lettres à ce contraires. CAR tel est notre plaisir. DONNE' à Fontainebleau le douziéme jour du mois de Novembre, l'an de grace mil sept cent trente-quatre; & de notre Regne le vingtiéme. Par le Roi en son Conseil. SAINSON.

Registré sur le Registre VIII. de la Chambre Royale & Syndicale des Libraires & Imprimeurs de Paris, num. 792. fol. 775. conformément au Reglement de 1723. qui fait defenses, Art. IV. à toutes personnes, de quelque qualité & condition qu'elles soient, autres que les Libraires & Imprimeurs, de vendre, debiter & faire afficher aucuns Livres pour les vendre en leur nom, soit qu'ils s'en disent les Auteurs ou autrement, & à la charge de fournir les Exemplaires prescrits par l'Art. CVIII. du même Reglement. A Paris le 15. Novembre 1734. G. MARTIN, Syndic.

L'Académie Royale des Sciences a cedé aux Sieurs G. Martin, Coignard fils, & Guerin, l'aîné, Libraires à Paris, la joüissance du Privilege général par elle obtenu le 12. Novembre de la présente année 1734. pour les *Histoires* & *Memoires de ladite Académie, depuis son établissement en 1666. jusques & compris l'année* 1710. avec les *Tables du Recueil entier de l'Académie*; comme aussi pour le RECUEIL DES MACHINES APPROUVÉES PAR LADITE ACADEMIE; le tout conformément aux Déliberations, & ainsi que lesdits Sieurs en ont joüi en vertu du précédent Privilege. Fait à Paris le 20. Novembre 1734.

Signé, FONTENELLE, Secretaire perpetuel de l'Académie Royale des Sciences.

Registré sur le Registre VIII. de la Communauté des Libraires & Imprimeurs de Paris, page 778. conformément aux Reglemens, & notamment à l'Arrêt du Conseil du 13. Août 1703. A Paris le vingt Novembre mil sept cent trente-quatre.

G. MARTIN, Syndic.

RECUEIL

RECÜEIL
DES MACHINES
APPROUVÉES
PAR L'ACADÉMIE ROYALE
DES SCIENCES.

Depuis 1666. jusqu'à 1699.

MACHINES
INVENTÉES
PAR M. PERRAULT,
DE L'ACADÉMIE ROYALE DES SCIENCES.

CRIC D'EQUILIBRE POUR ELEVER DES FARDEAUX, INVENTÉ PAR M. PERRAULT, DE L'ACADEMIE ROYALE DES SCIENCES.

AC, BD, sont deux montans enmortaisés par bas à des racineaux EF, où ils sont liés à contrefiche, & assemblés par le haut au moyen du chapeau AB. Dans l'intérieur de ces montans sont des raînures H, G, dont chacune contient une double cramaillére dentée des deux côtés. Cette cramaillére est comprise par une piéce de fer IZ, assez

Avant 1699. No. 1.

FIG. I.
FIG. I. II.

Avant 1699. N°. 1.

large pour la contenir. Entre les deux montans est une bascule; son extrémité O porte le poids P, & à l'extrémité R est la puissance. Pour que le poids monte il faut que la bascule monte aussi le long des montans. On va faire voir comment cet effet se produit.

FIG. II. Chaque long côté du chassis a deux chevilles X, Y; ces chevilles sont fichées à l'extrémité S du ressort ST. Les ressorts T, T engrenent toûjours dans les dents de la cramaillére, y étant retenus par les bords du montant DB qui les contient. Il y aura donc équilibre si la puissance appliquée en R est au poids P en raison reciproque de la distance du poids au centre de mouvement ou point d'appui, à la distance de ce point d'appui à la puissance. Voilà l'effet de la Machine en l'état d'équilibre, la bascule étant toûjours soûtenuë par les deux ressorts qui engrenent dans les côtés de la cramaillére. Examinons à présent cette Machine dans l'état de mouvement.

FIG. I.

FIG. II. Si la puissance appliquée en N se prête un peu au poids, ce poids descendra selon la direction O *e*, ce qui ne peut arriver sans que le point X ne lui serve de point d'appui sur le ressort TX; mais pendant ce tems l'autre ressort TY aura *été tiré de bas en haut*, parce que la bascule ayant descendu par l'extrémité O, & son extrémité opposée N ayant monté suivant l'arc N *d*, il s'ensuivra que le ressort YT aura monté d'un cran pendant cette action. Si la puissance, de moindre qu'elle étoit devient ensuite plus grande, c'est-à-dire, capable de vaincre la résistance du poids; cette puissance tirant le bout N de la bascule, lui fera parcourir le chemin N *b*, par-là le point Y deviendra à son tour point d'appui, & le ressort XT montera lui-même d'un cran, étant tiré par la bascule qui se meut sur le point Y. Il est évident que la puissance devenant ainsi plus grande & plus petite alternativement, le poids montera insensiblement le long du Cric jusqu'au haut de la Machine, d'où on le dégagera. Il n'est pas besoin de dire que dans le montant AC, opposé au montant BD, dont on a parlé, il y a un semblable Cric qui soûtient la bascule, & que par conséquent il y a en tout quatre ressorts, dont deux agissent à la fois, un de chaque côté.

Ce poids étant détaché de la bascule, voici comme on la fera descendre pour reprendre un second fardeau. Fig. I.

On a déja dit que la piéce IZ renfermoit le Cric; cette piéce monte aussi avec la bascule. A cette même piéce est fixée une cheville I, qui appuye sur un taquet L attaché au côté ON par un boulon de fer V, autour duquel ce taquet peut se mouvoir horisontalement; & comme il y a un taquet de chaque côté de la Machine, parce que la bascule est soûtenuë par deux Crics, il y a au milieu de la bascule une traverse qui se meut autour d'une cheville, représentée en L dans le profil, & en *l* dans la première Figure : ce qui fait que quand cette traverse est parallele au petit côté de la bascule MN, elle appuye sur les deux taquets, qui ne peuvent alors se dégager de dessous les chevilles, dont une est marquée I; & quand cette traverse est mise du même sens que le grand côté O, on fait revenir le taquet L de L en *l*, pour lors la piéce IZ, qui n'est plus soûtenuë sur ce taquet, descend de Z en T, en écartant les ressorts jusqu'à ce que la cheville soit descenduë de l'épaisseur du taquet, & porte sur le grand côté de la bascule ce qui est suffisant pour éloigner les ressorts T, T; ensorte que ces ressorts n'engrenant plus dans la cramaillére, ils ne soûtiennent plus la bascule, & la laissent descendre sans aucune difficulté le long des montans, pour recommencer la même opération, après l'avoir disposée comme elle étoit d'abord. Fig. II. Fi. II. & III.

Cette Machine, quoique lente, peut produire de grands effets.

PISTON

Cric d'Equilibre pour lever des fardeaux.

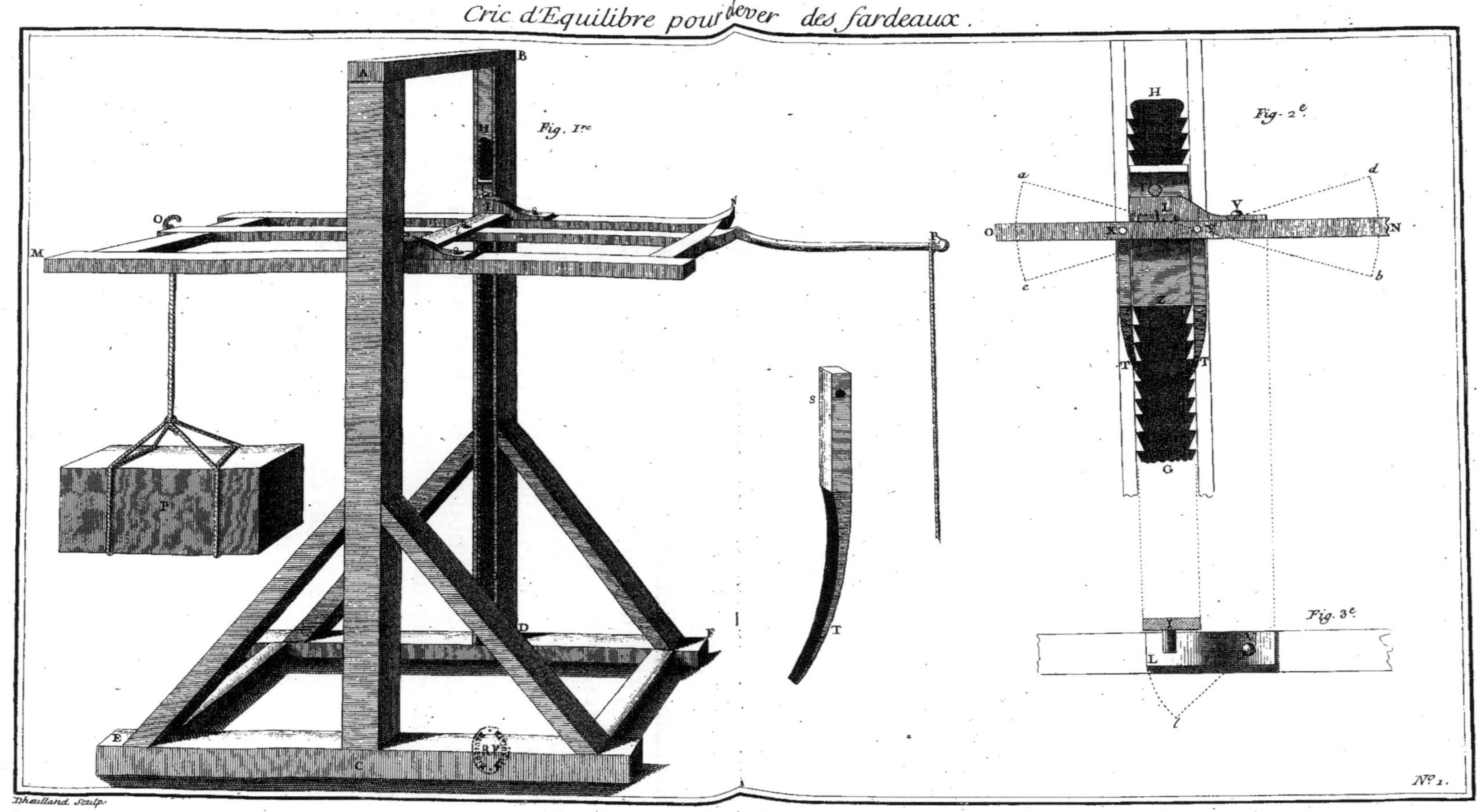

PISTON POUR LES POMPES, INVENTÉ PAR M. PERRAULT, DE L'ACADEMIE ROYALE DES SCIENCES.

Avant 1699. Nº. 2.

LES Piſtons ordinaires ſont faits de deux diafragmes de cuivre ou autre matiére ſolide, entre leſquels ſont pluſieurs autres diafragmes de cuir qui rempliſſent entiérement l'intervalle que laiſſent entr'eux les deux premiers.

Ce nouveau Piſton eſt compoſé de trois diafragmes A, B, C, de cuivre, éloignés les uns des autres, & dont les intervalles ſont libres. Les deux extrémes A, C, ſont percés de pluſieurs trous aſſez grands; celui du milieu reſte plein. Ces diafragmes ſont enveloppés d'une manche ou ſac de cuir ſouple DDEE fortement attaché à leur circonférence, ce qui forme deux tambours ou cylindres ſeparés ADB, BEC, dont l'un a des ouvertures du côté de l'air extérieur, & l'autre du côté de l'extrémité inférieure du corps de Pompe. Par cette conſtruction le Piſton ne ſe cole, ou ne frote contre les parois du corps de Pompe, qu'autant qu'il eſt néceſſaire pour empêcher l'air ou l'eau de s'introduire entre deux; car lorſque le Piſton, par exemple, ſera tiré en enhaut pour faire monter, ou aſpirer l'eau, l'air qui

Avant 1699. N°. 2.

entrera par les trous faits au diafragme supérieur, obligera le cuir du tambour supérieur ADB, de se coller aux parois du tuyau, assez pour empêcher l'air de passer entre le tuyau & le Piston; & lorsque le Piston sera poussé en enbas, ou refoulera, l'eau entrera dans le tambour inférieur BEC par les ouvertures faites au diafragme inférieur, & pressera le cuir de ce tambour contre le tuyau, ensorte qu'il ne puisse s'y introduire d'eau.

Ce Piston aura donc toûjours un adhésion exacte au corps de Pompe, qui est ce qu'on demande dans l'effet des Pistons; mais il n'y aura pas, comme il arrive souvent dans les Pistons ordinaires, une adhésion, ou un frottement trop considérable, & par conséquent ce Piston ne sera pas sujet aux inconveniens qui résultent d'une adhésion trop forte.

Piston pour les Pompes.

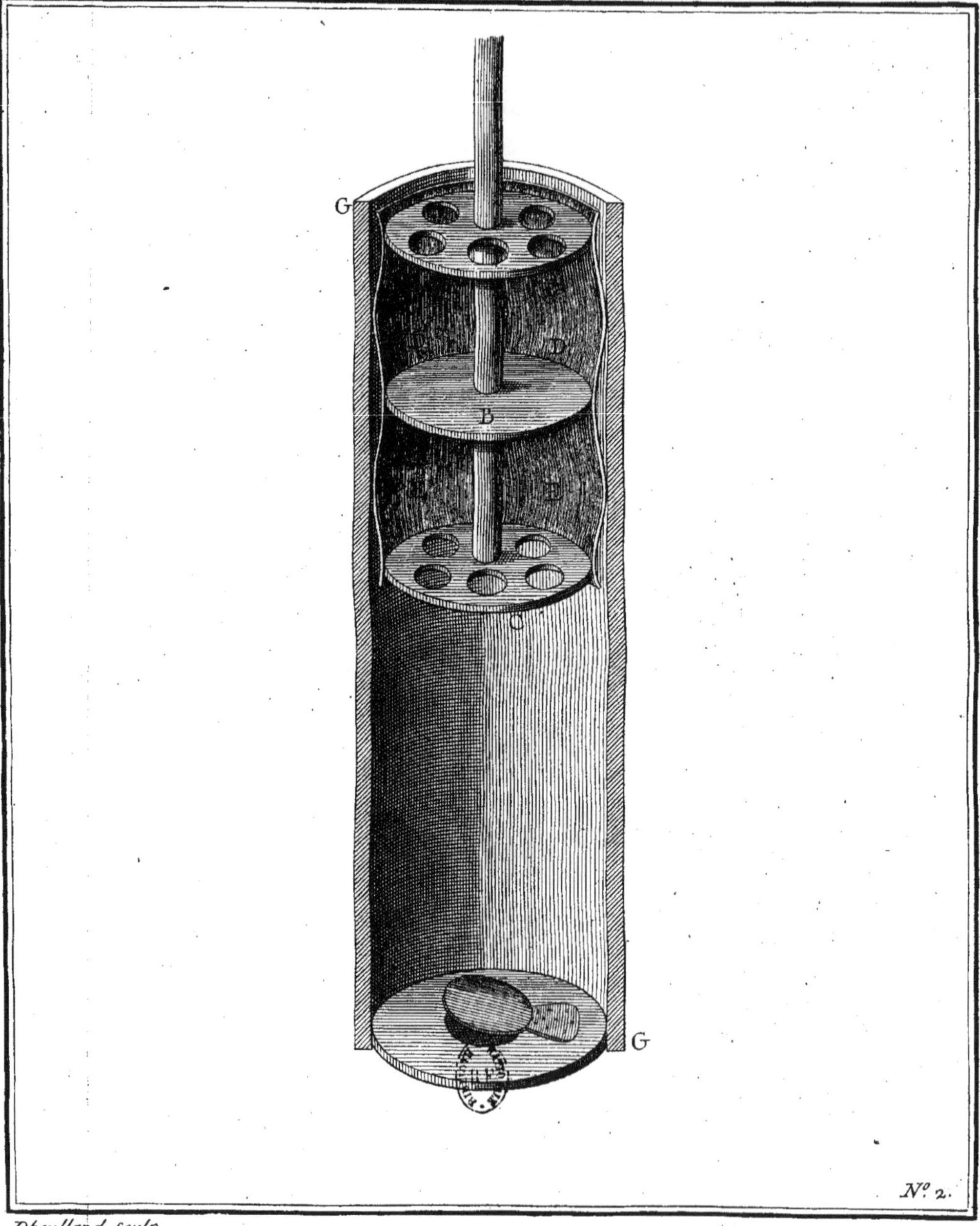

Dheulland Sculp.

MACHINE
POUR AUGMENTER L'EFFET DES ARMES A FEU,
INVENTÉE
PAR M. PERRAULT,
DE L'ACADEMIE ROYALE DES SCIENCES.

Avant 1699. N°. 3.

AB dans les deux Figures est un Canon à l'ordinaire, que l'on a représenté coupé par la moitié, afin d'en faire voir l'intérieur. A est l'endroit où l'on met la poudre, & B est une ouverture au-delà du milieu du Canon. Plus loin que cette ouverture le Canon se démonte à vis, & se sépare en deux, dont le moindre a un rebord en dedans qui fait une espéce d'anneau marqué *a a*. Lorsque ce bout est ôté, on introduit un autre Canon *c c*, dont la culasse I se démonte aussi à vis; cette culasse est percée par le milieu, pour faire la lumiére de ce second Canon, & cela fait un rebord qui forme aussi un anneau, auquel est soudé un fil d'acier tourné en spirale, & détrempé, afin qu'il puisse faire ressort. Ce fil marqué *e e* a à son autre bout un autre anneau D, dans lequel le second Canon peut couler; ce second Canon étant introduit dans le premier, on remet le

Avant 1699. N°. 3.

bout, qui ſe démonte à vis au premier Canon; & pour charger l'arme on tient le ſecond Canon, ainſi qu'il eſt dans la deuxiéme Figure, & on met la poudre dans le premier Canon par l'ouverture B, laiſſant deſcendre le deuxiéme Canon, qui ſert de bourre au premier, ainſi qu'il ſe voit dans la premiére Figure, après quoi l'on charge le deuxiéme Canon.

L'effet de la Machine eſt, que la poudre allumée dans le premier Canon par la lumiére A, pouſſe le ſecond, & en même-tems y met le feu par la lumiére qui eſt au bout de la culaſſe, & qui donne une vîteſſe à la balle dont le ſecond Canon eſt chargé, laquelle eſt preſque double de celle qu'il auroit s'il n'étoit pouſſé que comme à l'ordinaire par la poudre du Canon dans lequel il eſt, parce qu'alors il y a deux vîteſſes jointes enſemble; ſçavoir, celle du deuxiéme Canon pouſſée par la poudre du premier, & celle de la poudre dont le ſecond Canon eſt chargé.

Les précautions pour empêcher que ces deux charges ne faſſent un effet capable de rompre la Machine, conſiſtent dans l'ouverture B, par où le feu du premier Canon ſort, lorſqu'il à pouſſé le ſecond au-delà de l'ouverture, & dans le fil d'acier, dont l'anneau D étant arrêté contre le rebord *a a*, fait par le moyen de ſon reſſort une reſiſtance qui obéït à l'abord, & qui croît inſenſiblement, ce qui rompt ſuffiſamment le grand effort, & ne diminuë que fort peu la vîteſſe.

Il ſera aiſé d'entretenir la Machine nette, n'y ayant autre choſe à faire pour la démonter, que d'ôter le bout, qui ſe démonte à vis, & qui retient le colet *a a*.

Machine pour augmenter l'effet des armes a feu.

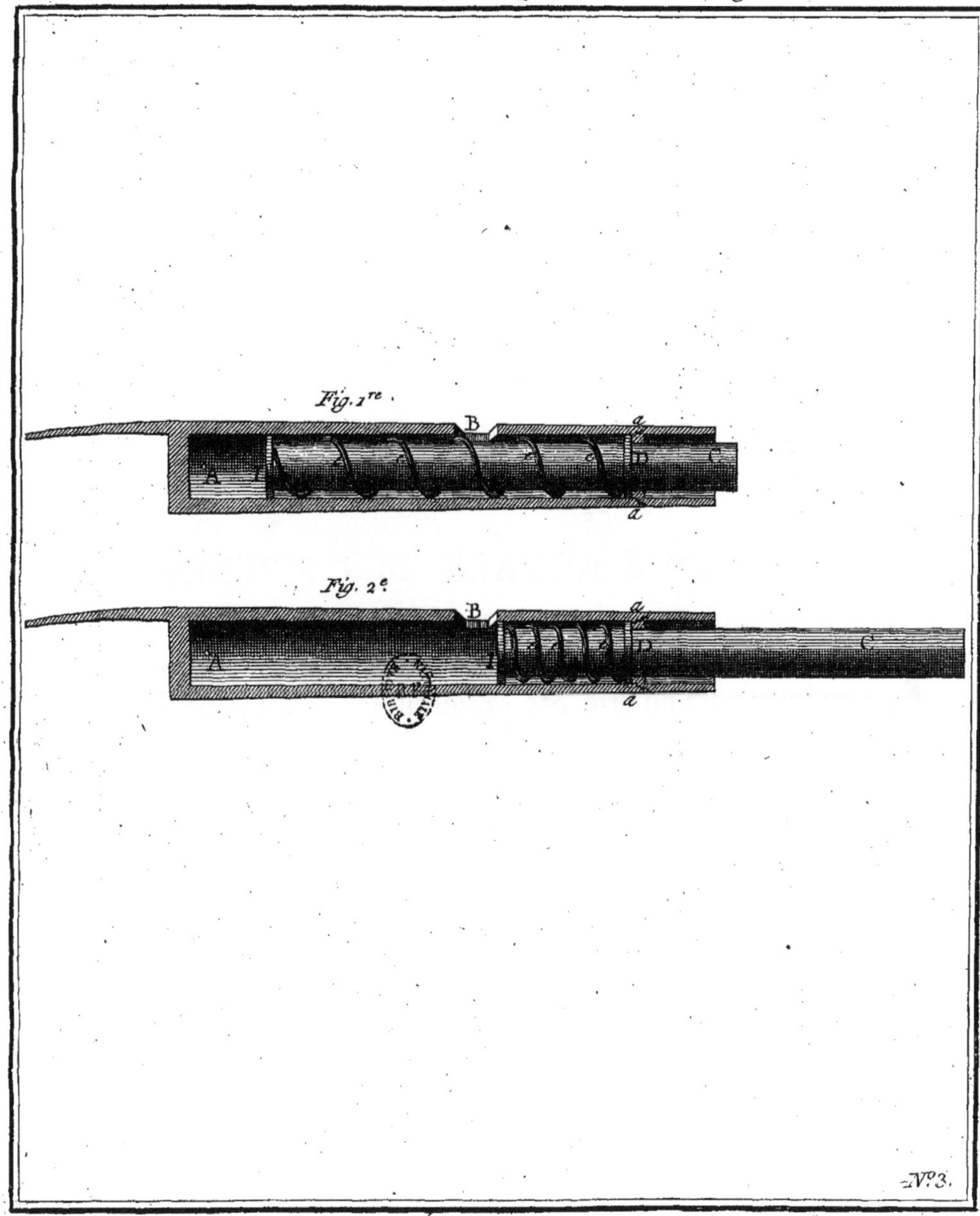

Dheulland Sculp.

MACHINES

QUI ELEVENT DES FARDEAUX SANS FROTTEMENT, INVENTÉES PAR M. PERRAULT, DE L'ACADEMIE ROYALE DES SCIENCES.

LE frottement dans les Machines composées, qui jusqu'ici n'a pû en être ôté entiérement, a toûjours été un obstacle à la puissance que l'on employe pour les faire agir, & un obstacle très-considerable, puisqu'il va toûjours en augmentant, à proportion de la pesanteur du fardeau qu'elle remuë.

Avant 1699. No. 4.

Il y a des organes simples où le frottement n'est pas considérable, & où même il ne s'en rencontre point du tout: l'action du levier, quand on s'en sert simplement, est presque sans frottement; & la Scytale, que nous appellons Cylindre ou rouleau, n'en a point du tout. Mais la difficulté est de faire agir ces organes dans la composition des Machines, en leur conservant ces mêmes avantages: car il est constant que le rouleau n'a été employé jusqu'à présent que comme organe simple, dont on se sert seulement pour

Avant 1699. N°. 4.

faire couler les fardeaux ſur un plan horizontal, ou très-peu incliné; & que le levier n'agit ordinairement dans les Machines composées que d'une maniére ſujéte à un bien plus grand frottement, que quand il agit comme ſimple organe: parce que toute ſon action dans les Machines composées ne ſe trouve guére que dans les poulies, qui bien qu'elles ſoient faites pour diminuer le frottement qu'un cable ſouffriroit en paſſant ſur quelque choſe qui ne ſeroit pas mobile, comme l'eſt une poulie, elles ne laiſſent pas d'avoir du frottement ſur leur pivot, ou dans les trous où le pivot tourne, parce que ces choſes ſont des appuis immobiles, auſquels la poulie eſt comme attachée & collée par ſon eſſieu, à cauſe de la peſanteur du fardeau qu'elle ſoûtient: de ſorte que pour la faire tourner il faut que les endroits de l'eſſieu, qui ſont comme attachés aux endroits ſur leſquels ils appuyent, ſoient arrachés par une force proportionnée à la peſanteur qui cauſe cette attache. Or cela ne ſe rencontre point dans le rouleau qui peut tourner ſans que les parties qui poſent ſur ſon appui, ayent aucune peine à le quitter.

Cela peut être aiſément expliqué par la Figure ci-jointe, dans laquelle A eſt l'eſſieu d'une poulie B, chargée des poids C & D, dont l'un eſt la puiſſance, & l'autre le fardeau; & EFGH eſt l'appui ſur lequel poſe l'axe de la poulie. Car ſi l'on ſuppoſe que C eſt la puiſſance, & D le fardeau, il eſt conſtant que quand cette puiſſance agit, il y a deux points de l'eſſieu qui touchent ces deux points E & F de l'appui, & que l'eſſieu n'y peut tourner que ces deux points ne frottent, & ne raclent, ſi cela ſe peut dire, les deux endroits de l'appui, & qu'ils n'y ſoient d'autant plus fortement attachés que les poids ſont plus grands, & que la puiſſance agit avec plus de force. De ſorte que ſi l'appui eſt cavé en rond, ainſi qu'il ſe voit en GH, il apporte encore un plus grand obſtacle au mouvement, étant touché & preſſé en beaucoup plus d'endroits: car quoique ce

Avant 1699. N°. 4.

grand nombre d'endroits sur lesquels l'essieu pose, soit cause que chaque endroit est moins pressé ; il est pourtant certain par l'expérience, qu'il se rencontre moins d'obstacle au mouvement de cet essieu, lorsqu'il ne touche qu'en deux endroits de l'appui, ainsi qu'il fait en EF, & que C est la puissance, & D le fardeau, que lorsqu'il est engagé dans la cavité GH.

Mais au contraire si D est la puissance, & C le fardeau, & que l'on considére l'essieu A agissant comme un rouleau, il ne rencontrera rien qui l'empêche de tourner en s'avançant vers HG, lorsque la puissance D le fera aller, parce

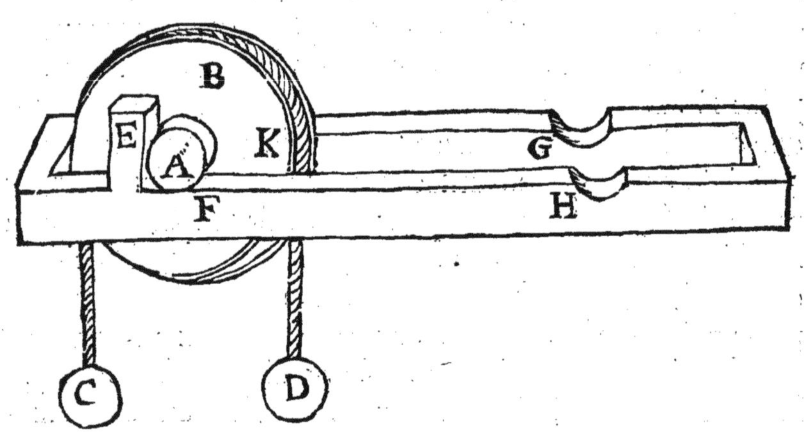

que le point qui appuye à l'endroit F le quitte sans répugnance, & que tous les autres points de l'essieu posant successivement sur d'autres points de l'appui, il n'y a rien qui fasse que les points de l'essieu ou rouleau ayent de la peine à se détacher des points de l'appui, de même qu'ils en ont lorsqu'étant serrés contre les endroits EF, ou dans la cavité GH, par la pesanteur du fardeau, & par l'effort de la puissance ; il faut que pour les quitter ils les frottent proportionnellement à la pesanteur du fardeau, & à la force de la puissance ; parce qu'il faut que plusieurs parties de l'essieu passent sur une même partie de l'appui qui demeure

Avant 1699. N°. 4.

immobile. Et c'eſt par cette raiſon que l'huile & la graiſſe facilitent le mouvement des eſſieux & des rouës ; car les particules roulantes de l'huile qui eſt entre l'eſſieu & ſon appui, font que ce qui ſoûtient eſt mobile, parce qu'alors ce ſont les particules de l'huile qui ſoûtiennent, leſquelles étant apparemment rondes, ont une facilité à être remuées, parce qu'elles ſont comme autant de rouleaux mis entre les parties de l'eſſieu, & celles de l'appui ſur leſquelles il poſe.

Cette même Figure ſert encore à expliquer comment le levier agit autrement dans les Machines, que quand on s'en ſert comme de ſimple organe : car quand la partie B eſt remuée par la puiſſance D, le long bras du levier eſt depuis le point E juſqu'au point de la circonférence touché par la corde à l'endroit K, & le petit eſt depuis le même point E juſqu'à la circonférence oppoſée vers K : de ſorte que quand même il n'y auroit point de frottement, l'inégalité de ces bras demanderoit plus de force dans C pour mouvoir D, que dans D pour *mouvoir* C ; & c'eſt-là la maniére dont un levier eſt employé dans les Machines compoſées. Que ſi l'on ſuppoſe que la poulie B eſt remuée par la puiſſance D, les deux bras du levier ſont égaux, allant depuis la circonférence de la poulie juſqu'au point par lequel l'eſſieu poſe ſur ſon appui. Et c'eſt en cette maniére qu'un levier agit comme ſimple organe.

Or pour concevoir la difference qu'il y a entre les effets de ces deux maniéres, il faut conſidérer, pour les comparer l'une à l'autre, que la proportion de la puiſſance à la reſiſtance du fardeau, étant la même dans l'une & dans l'autre maniére, il ne s'agit que de la reſiſtance qui vient de la part de la Machine : car cette reſiſtance eſt fort grande dans la maniére dont le levier eſt ordinairement employé dans les Machines compoſées, ainſi qu'il eſt démontré, & va encore toûjours en s'augmentant à proportion que le poids du fardeau eſt augmenté. Au contraire, dans l'autre maniére, qui eſt celle où le levier agit comme ſimple organe,

la

la facilité à passer d'un point de l'appui sur un autre point est toûjours la même, quelque differente que puisse être la pesanteur des fardeaux.

Avant 1699. N°. 4.

Il faut donc pour perfectionner les Machines, trouver les moyens d'y faire agir le levier de la maniére qu'il agit, quand on s'en sert comme d'un organe simple, & d'y faire agir le rouleau. Ces moyens qui n'ont point encore été pratiqués, le sont fort commodément dans les Machines suivantes: car le levier y agit non seulement de la maniére qu'il fait quand on s'en sert comme d'un simple organe, c'est-à-dire, avec peu de frottement; mais il y agit même sans aucun frottement: & le rouleau y agit non-seulement sans frottement, mais d'une maniére encore plus parfaite que quand on s'en sert comme d'un simple organe, à cause qu'on ne le fait point appuyer sur un plan où l'inégalité qui se rencontre toûjours, & dans la surface du corps qui appuye sur le rouleau, & dans le plan sur lequel le rouleau passe, apporte de grands obstacles à la puissance mouvante; parce que comme ces inégalités font que le rouleau ne sçauroit agir que le fardeau ne soit élevé & ne redescende lorsqu'il se rencontre des éminences; ces fréquentes élevations employent inutilement la puissance, en l'obligeant de faire des efforts qui n'appartiennent point au mouvement dont il s'agit, lequel n'est qu'un mouvement horisontal: au lieu que dans les Machines suivantes le rouleau agit uniformement; & par son moyen la puissance ne fait aucun effort qui n'ait un effet pour l'élevation à laquelle elle est employée. Il ne sera donc pas difficile de faire comprendre que les Machines qui agiront suivant ces principes sont capables de produire ces bons effets, quand on aura expliqué quelle en est la structure, & la maniére d'agir. J'en décris ici de trois sortes.

PREMIERE MACHINE

POUR ELEVER LES FARDEAUX SANS FROTTEMENT;

INVENTÉE PAR M. PERRAULT DE L'ACADEMIE ROYALE DES SCIENCES.

Avant 1699. No. 4. FIG. I.

CETTE Machine est composée d'un rouleau ou Cylindre AA, qui sert d'essieu à une rouë en forme de poulie marquée B. L'essieu qui tourne avec la poulie, est soûtenu par deux cables CC attachés au haut de la Machine, qui est en forme de gruë. Le même essieu a un autre cable D qui soûtient le fardeau E; & la rouë a une corde FFQ qui lui est attachée & entortillée, & que l'on tire pour élever le fardeau. L'élevation se fait par la raison que la corde étant tirée, la rouë tourne, & en même-tems l'essieu qui roulant sur les deux bras RR du gruau, est tiré vers le haut de la Machine par les cables CC, qui s'entortillent autour de l'essieu, de même que le cable D qui soûtient le fardeau : car il arrive nécessairement que les cables s'entortillant s'accourcissent, & tirent vers l'endroit où ils sont attachés; c'est-à-dire, que les cables

Avant 1699. N°. 4.

CC tirent l'essieu avec la rouë vers le haut de la Machine, & que le cable D tire le fardeau vers l'essieu; parce que les cables attachés au haut de la Machine, & celui qui soûtient le fardeau sont entortillés sur le rouleau de deux sens differens. Et comme le rouleau ne passe sur les bras du gruau qu'en tournant, il agit sans aucun frottement, ainsi qu'il est expliqué dans la Figure ci-dessus page 15. où le rouleau A peut passer sur l'appui FH en allant vers H sans qu'il y ait de frottement. Or la force de la Machine, de même que dans la gruë ordinaire, dépend de la grandeur de la rouë, & du peu de grosseur que l'on donne au rouleau. Mais pour augmenter cette force on fait que la corde FFQ qui fait tourner la rouë est tirée au bas de la Machine par un rouleau GG tourné avec des leviers, que l'on fait agir aussi sans frottement, faisant entortiller la corde FFQ sur le rouleau GG, qui est attaché par les cordes HHII : car lorsqu'on fait tourner le rouleau en baissant les bouts LL des leviers, les cordes I, I qui s'entortillent alentour du rouleau le font descendre, & la corde FFQ qui est entortillée sur le rouleau GG, est tirée tant par la descente du rouleau causée par l'entortillement des cordes I, I, que par son entortillement sur le même rouleau qui tourne en descendant, & qui remonte lorsqu'on releve les leviers LL, parce qu'il est retiré en haut par les cordes HH. Mais pour faciliter l'action du rouleau GG, qui tire la corde FFG, il y a dans la barre K au travers de laquelle la corde passe, une autre Machine qui est décrite & représentée ci-après dans la Planche N°. 5. Figure II. & que j'appelle main ou analemme, parce qu'elle retient & arrête la corde de maniére qu'elle la laisse aller librement quand elle est tirée en bas, & qu'elle la retient & l'empêche de retourner en haut pendant que l'on remonte le rouleau GG; en relevant les bouts LL des leviers, qui agissent par reprises : & afin qu'alors le bout Q de la corde ne remonte pas aussi, il est entortillé à un autre rouleau M, qui est im-

FIG. II.

mobile au bas de la Machine ; & il faut supposer que ce bout de la corde marqué Q est tenu par un homme qui l'arrête & le tient ferme lorsqu'on leve les leviers, & qui le tire lorsqu'on les abbaisse.

Il faut cependant remarquer que la traction qui se fait pour empêcher la corde de remonter quand on leve les leviers GL, & pour la faire venir lorsqu'on les abbaisse, n'est point une action qui appartienne tellement à l'élevation du fardeau, qu'elle doive être proportionnée à sa pesanteur, n'y ayant point d'autre action qui le doive être que celle qui se fait sur les leviers GL, sur lesquels il faut appuyer plus ou moins, selon la pesanteur du fardeau : car cette traction est toûjours la même quand on releve les leviers, parce qu'alors le fardeau est retenu par la partie de la Machine appellée main; & quand on baisse les leviers, le triple entortillement de la corde sur le rouleau GG l'y attache assez fortement pour tirer les plus grands fardeaux, pour peu que la corde entortillée sur le rouleau immobile soit retenuë, ainsi que l'expérience le fait voir dans l'instrument appellé Poulain, dont les Tonneliers se servent, & par le moyen duquel un homme soûtient avec la main un muid de vin assez facilement.

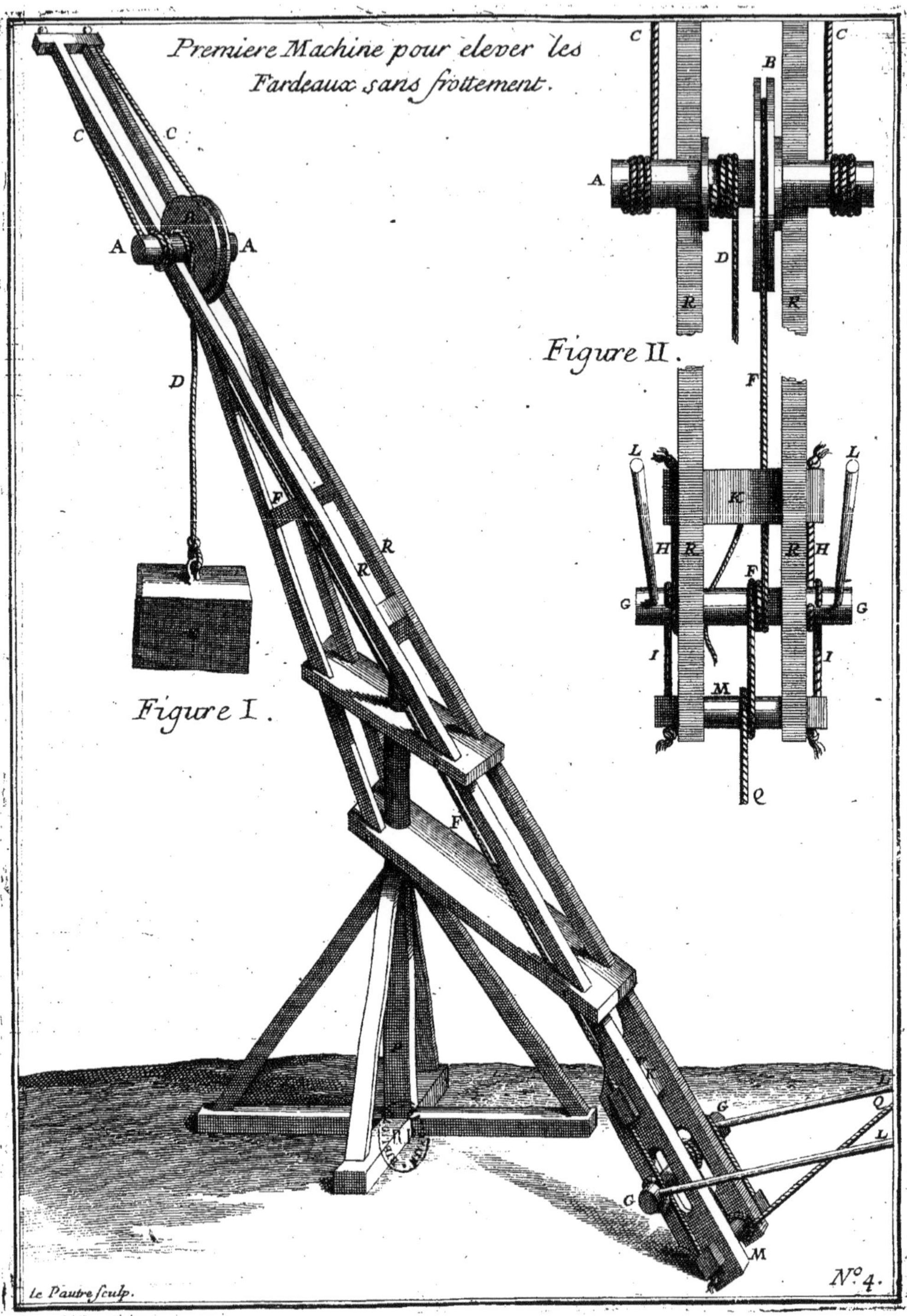
Premiere Machine pour elever les
Fardeaux sans frottement.
Figure I.
Figure II.
N.° 4.
le Pautre sculp.

SECONDE MACHINE

POUR ELEVER LES FARDEAUX SANS FROTTEMENT,

INVENTÉE

PAR M. PERRAULT,

DE L'ACADEMIE ROYALE DES SCIENCES.

Avant 1699. N°. 5.

LA seconde Machine qui agit par les mêmes principes que la premiére, en est differente en ce que le Cylindre qu'elle employe ne roule point sur un plan, comme dans la premiére, où il roule sur les bras du gruau; ce qui est capable, comme il a été dit, d'apporter des obstacles au mouvement, lesquels ne se rencontrent point dans la maniére dont il agit dans cette seconde Machine, où il ne fait que souffrir d'être entortillé des cables qui le soûtiennent; cet entortillement étant une chose à laquelle les cables n'apportent aucune résistance, ainsi qu'il sera expliqué dans la suite.

Cette Machine a, de même que l'autre, un Cylindre ou rouleau A, qui sert d'essieu à une roue en forme de pou- FIG. I.

Avant 1699. N°. 5.

lie marquée B, & qui est soûtenu par les cables CC : la main K, au travers de laquelle la corde FFF passe, les rouleaux G & M agissent aussi de la même maniére que dans la premiére Machine; mais le fardeau est porté par deux cables DD; & cette Machine ne tourne point sur un pivot pour transporter le fardeau à droit & à gauche; elle l'éleve à peu près comme fait la Machine que l'on appelle Engin.

FIG. II. La petite Machine que j'appelle Main ou Analemme, & qui est représentée par la seconde Figure de cette Planche, est composée de deux tasseaux AB, qui tournent & sont arrêtés par les pivots CC; ces deux tasseaux se remuent nécessairement ensemble par le moyen de la branche R, qui étant attachée par un bout au tasseau B, est percée par l'autre bout, & reçoit un clou attaché au tasseau A, qui l'oblige de remonter quand le tasseau B est repoussé en haut par le ressort E.

L'action de cette Machine dépend de la compression des tasseaux qui serrent & arrêtent le cable GH lorsqu'il est tiré vers G; de maniére qu'il est d'autant plus serré qu'il est tiré avec plus de force, parce que les tasseaux s'approchent & serrent davantage, plus le cable est tiré. Au contraire quand le cable est tiré vers H, les tasseaux s'éloignent & ne s'opposent point à la traction. Mais si l'on veut que le cable puisse aller vers G, on tire la petite corde I, qui faisant baisser le tasseau A, fait aussi baisser le tasseau B par le moyen de la branche R; & ainsi les deux extrémités des tasseaux, en s'éloignant l'un de l'autre ne serrent plus le cable.

Cette main est d'un grand usage dans ces deux Machines, & elle peut servir en beaucoup d'autres, sur-tout dans celles que l'on fait agir à plusieurs reprises, telle qu'est la poulie d'un puits dont la corde est tirée avec les bras; parce qu'il faut qu'un bras arrête la corde pendant qu'on qu'on leve l'autre pour la reprendre plus haut : au lieu que par le moyen de l'arrest que cette Main fait de la corde, les deux bras qui ont tiré la corde ensemble se relevent aussi ensemble, & ont pendant ce tems-là une espéce de repos.

Avant 1699. N°. 5.

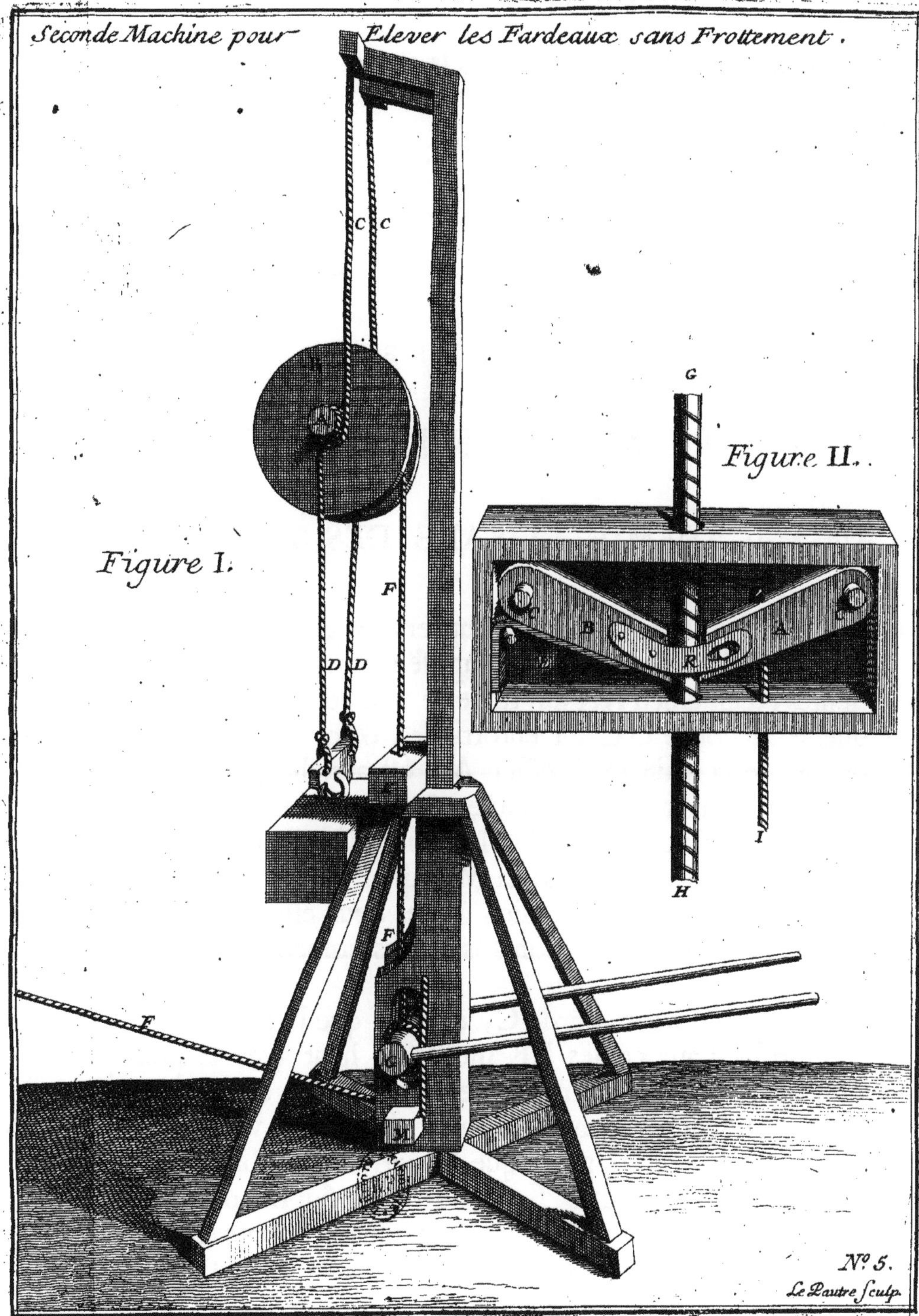
Seconde Machine pour Elever les Fardeaux sans Frottement.
Figure I.
Figure II.
C C
F
D D
G
A
B
R
I
H
F
E
M
N°. 5.
Le Pautre sculp.

MACHINE
POUR ELEVER L'EAU,
INVENTÉE
PAR M. PERRAULT,
DE L'ACADEMIE ROYALE DES SCIENCES.

Avant 1699. N°. 6.

FIG. I.

CETTE Machine, qui peut servir à élever de l'Eau sans frottemens, est composée comme les précédentes, d'un essieu AA qui traverse une poulie B, sur laquelle la corde CC est entortillée, & qui va passer au travers de la main D. L'essieu AA est attaché par les cables EE au haut de la Machine; & il a encore deux autres cables FF qui vont passer sous le tonneau G, pour retourner s'attacher aussi au haut de la Machine. Le tonneau a un essieu de même que la poulie, & ces deux essieux sont enfermés entre les quatre montans qui les empêchent de vaciller.

Quand on tire la corde C, elle fait que le rouleau AA s'entortillant aux cables EE monte en haut avec la poulie, & qu'en même-tems il éleve le tonneau qui rencontrant, lorsqu'il est en haut, la barre H lui fait verser l'eau dans le reservoir I, parce que la barre faisant baisser l'un des bouts du fer coudé K, l'autre bout fait ouvrir la soupape L, laquelle s'ouvre aussi lorsque le tonneau étant FIG. III.

Avant 1699. N°. 6.

descendu dans l'eau il s'y enfonce par sa pesanteur; & l'eau y entre facilement, à cause que l'essieu qui entretient le tonneau a des ouvertures qui donnent passage à l'air, qui en sort à mesure que l'eau y entre; & cela fait que le tonneau ne s'emplit que jusqu'aux essieux; & que le passage que l'air trouve par leurs ouvertures, aide à faire sortir l'eau, lorsque la soupape étant ouverte elle coule dans le

Fi. I. &III. reservoir par le goulet M.

Cette Machine est plus simple que les deux autres dans ce qui appartient à l'élevation, mais elle ne le fait pas avec tant de force, parce qu'on suppose que la corde C est immédiatement tirée avec les bras, & non par le moyen des leviers. Il faut remarquer que dans la Machine ci-dessus de la Planche N°. 5. les leviers n'agissent pas comme dans celle de la Planche N°. 4. en appuyant dessus, mais en les levant, ce qui est fait pour la commodité des mouvemens qui sont mieux placés derriére la Machine, que s'ils étoient du côté que le fardeau est élevé : car pour ce qui est de ces deux maniéres de faire agir les leviers, l'une revient à l'autre, parce que si l'on ne peut pas faire autant tourner le rouleau en levant les leviers qu'on le fait en les abaissant, il est vrai aussi qu'on le fait avec plus de force, un homme ne pouvant agir en appuyant que par sa pesanteur; au lieu qu'il peut remuer en levant le double de sa pesanteur.

Il n'est pas difficile de comprendre que les Machines précédentes agissent sans frottement, & qu'elles n'ont point cet obstacle, qui dans toutes les autres résiste à la puissance qui les remuë, à proportion que le fardeau est plus pesant : parce que ne s'agissant que du pliement des cables, bien loin que la roideur que leur donne le poids qu'ils soûtiennent repugne à leur pliement, il est vrai au contraire que plus le cable est étendu par la pesanteur du fardeau, & plus il a de disposition à se plier. Car il faut considerer que comme pour le pliement d'un cable il est nécessaire que les parties qui sont au côté où il se plie, s'accourcissent,

Avant 1699. N°. 6.

il eſt certain que ce qui diſpoſe ces parties à s'accourcir, diſpoſe le cable à ſe plier : & il eſt évident que plus les parties ont été alongées, & plus elles demandent à ſe raccourcir quand la cauſe qui les alongeoit vient à ceſſer; & c'eſt ce qui arrive aux parties qui ſont du côté vers lequel le cable ſe plie; parce que la traction qui alongeoit les parties qui ſont depuis A juſqu'à B dans la Fig. II. n'allonge plus celles qui ſont alentour du rouleau C, depuis B juſqu'à E; puiſqu'au contraire le pliement qui les reſerre les raccourcit en tout cet endroit. Et il eſt conſtant encore que pour cet accourciſſement il n'eſt point beſoin de leur faire aucune violence, puiſqu'elles y ſont portées par leur inclination naturelle, qui fait que les choſes dont les parties ont été étenduës par violence, retournent d'elles-mêmes & ſans aucun effort extérieur en leur premier état. FIG. II.

A l'égard de l'obſtacle que le frottement apporte au mouvement des Machines ordinaires, & de l'importance du moyen que les Machines propoſées fourniſſent pour les en rendre exemptes, il n'eſt pas difficile de faire voir ce qui en eſt. Voici les expériences qui en ont été faites.

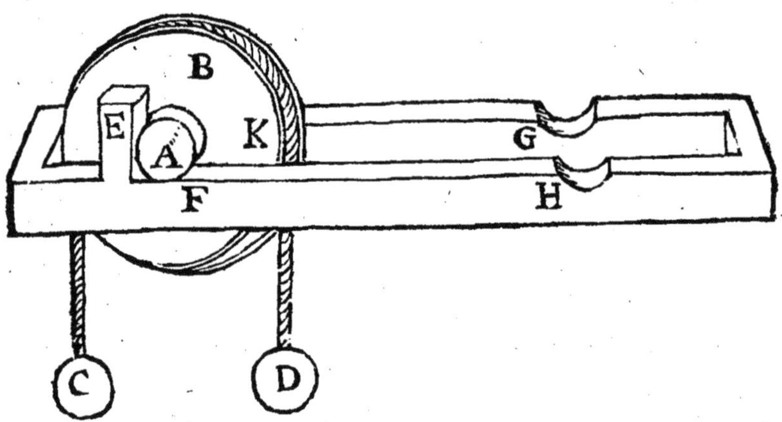

On a attaché deux baſſins de balance aux endroits C & D de la Figure ci-jointe, dans chacun deſquels on a mis une livre de plomb; & pour faire trebucher le baſſin D,

Avant 1699. N°. 6.

on a trouvé qu'il falloit seulement un gros, & qu'il en falloit cinq pour faire trebucher le bassin C; parce que dans celui-ci, ainsi qu'il a été dit, il y a frottement des points E & F du rouleau A contre l'appui, & que pour le mouvement du bassin D il n'y a aucun frottement; la pesanteur du fardeau ne faisant point que les points du rouleau s'attachent aux points de l'appui, & n'empêchant point qu'ils ne se quittent pour laisser aller le rouleau vers l'endroit où le bassin doit trebucher.

Mais ce qu'il y a de plus remarquable, c'est qu'à mesure qu'on a ajoûté des poids dans les bassins, il a fallu aussi ajoûter quelque chose à proportion pour faire trebucher le bassin C qui agit avec frottement, ensorte que comme cinq gros ont été nécessaires pour faire trebucher une livre, il en a fallu dix pour deux, quinze pour trois, vingt-cinq pour cinq. Et le gros qui a fait trebucher une livre dans l'autre bassin D, de la balance qui agit sans frottement, a suffi pour faire trebucher les deux, les trois, les quatre & les cinq livres, & apparemment suffira toûjours quelque poids que l'on ajoûte; de même que dans les Machines où il y a frottement, il faudra que ce que l'on ajoûte pour faire trebucher, aille toûjours croissant par la même proportion à mesure que le poids du fardeau sera augmenté. Et cela va assez loin, principalement quand le mouvement est interrompu: car alors la résistance croît de près de la moitié, ainsi que l'expérience le fait voir dans la rouë d'une gruë; parce que lorsqu'un homme y marche, s'il arrête, il est obligé de monter bien haut pour la remettre en train: ce qui arrive parce que les inégalités des parties qui se touchent ont le loisir de s'engager les unes dans les autres; ce qui ne leur arrive pas lorsqu'elles sont en mouvement.

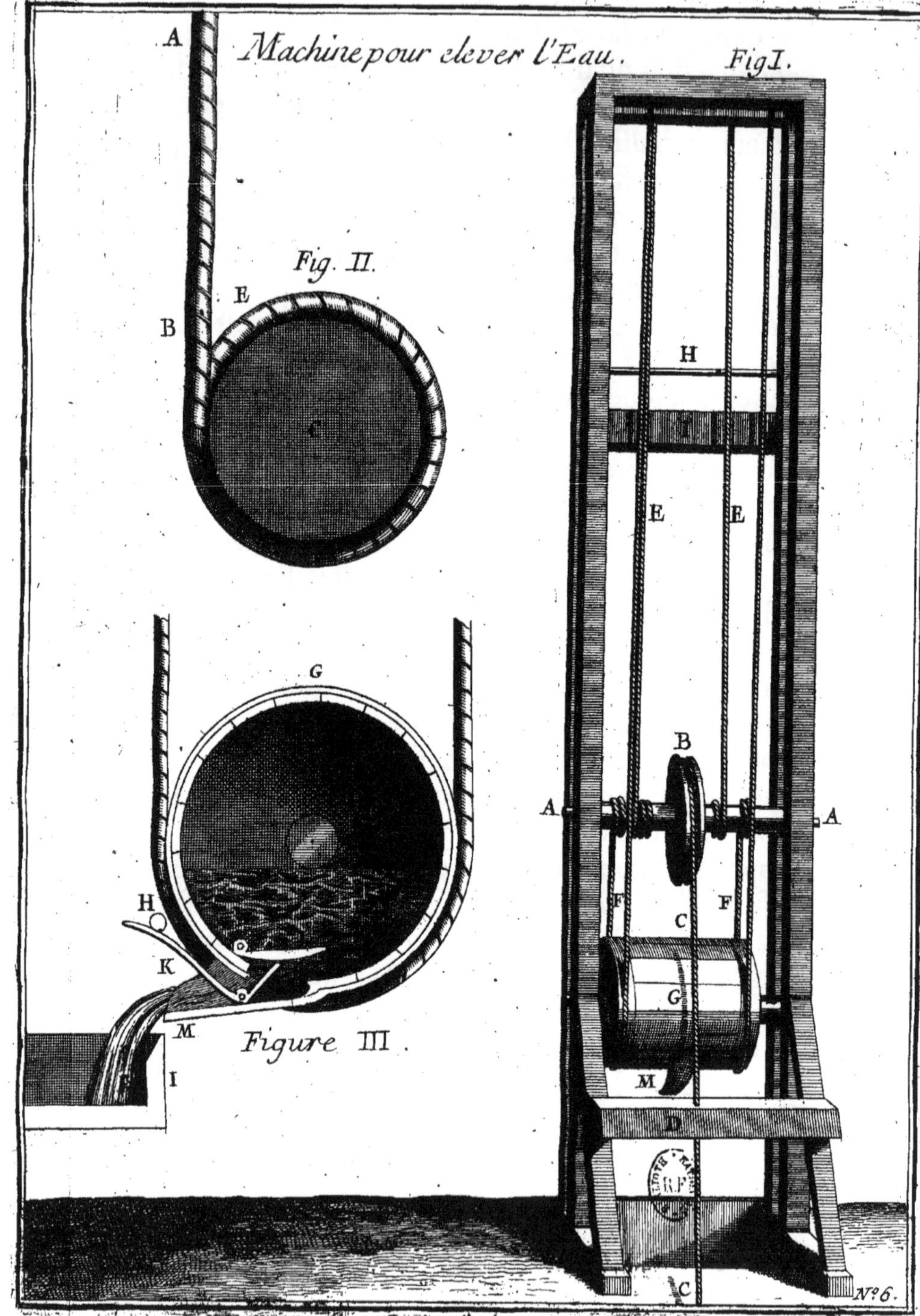
Machine pour elever l'Eau.
Fig I.
Fig. II.
Figure III
A
B
E
C
G
H
K
M
I
F
D
N.º 6.

MACHINE POUR TRAISNER LES FARDEAUX, INVENTÉE PAR M. PERRAULT, DE L'ACADEMIE ROYALE DES SCIENCES.

Avant 1699. N°. 7.

CETTE Machine employe le rouleau sur un plan horisontal. Ce qu'elle a de particulier, c'est premiérement qu'elle entretient les rouleaux en une situation qui est toûjours parallele à l'égard l'un de l'autre, & perpendiculaire à la ligne de direction du fardeau qu'ils soûtiennent. Le manque de cet avantage dans l'usage que l'on fait ordinairement des rouleaux donne beaucoup de peine; car si l'un des deux rouleaux se détourne, ils ne roulent plus ni l'un ni l'autre; & s'ils se détournent également, le fardeau prend une autre direction & tourne à côté. Il est bien difficile d'empêcher que ces accidens n'arrivent si l'on n'apporte les précautions que l'on a prises dans cette Machine.

En second lieu, elle n'est point sujéte aux cahots qui rompent les Binars, jamais assez forts pour resister aux secousses & aux efforts d'un lourd fardeau qui tombe à coup.

Avant 1699. N°. 7.

Si cette Machine est exempte du danger d'être rompuë; elle a encore l'avantage de n'être point sujéte aussi à rompre les chemins.

En troisiéme lieu, elle rend le fardeau facile à remuer par la vertu que le rouleau a de n'apporter aucun obstacle au mouvement, quand cet organe est fort poli & fort rond, & qu'il roule entre des plans parfaitement unis, ainsi qu'il a été expliqué.

Il est vrai qu'on ne peut pas employer des chevaux pour faire aller cette Machine, à cause qu'elle ne va qu'à reprises, & qu'elle ne s'avance à chaque fois que de cinq ou six pieds: car il faudroit faire arrêter, & puis recommencer à faire aller les chevaux à tous momens; ce qui seroit difficile, n'y ayant que des hommes qui soient propres pour cela; mais la facilité du mouvement de la Machine fait que dix ou douze hommes sont suffisans pour la faire aller, quoique chargée de plus de quarante milliers.

FIGURE I. Elle est composée de deux poulains ou chassis de bois marqués AA, BB. Le poulain BB qui est en maniére de traîneau ayant des becs ΠΠ posés sur terre. Entre les deux poulains il y a des rouleaux CD, qui sont attachés au poulain de dessous par huit cables marqués ss, deux à chaque extrémité du rouleau, & par le milieu, au poulain de dessus par quatre cables marqués *x x*. Ces cables retiennent les rouleaux de telle sorte qu'ils ont la liberté de rouler sans qu'ils puissent aucunement vaciller. Il y a encore des équerres EE qui servent à entretenir les deux poulains toûjours également posés l'un sur l'autre, & à empêcher aussi qu'ils ne vacillent.

(Marginal notes: FIG. II. beside "lain de dessous"; FIG. I. beside "ler sans qu'ils")

Le poulain AA a un essieu G qui traverse les grands leviers HH d'environ un pied & demi près de leurs extrémités, & ces extrémités sont soûtenuës par les montans II, qui sont assemblés avec un patin K, qui passe sous le poulain BB, & encore avec les traversans LL, & ces traversans par l'autre bout sont aussi assemblés par une piéce A, qui

Avant 1699. N°. 7.

qui les joint ensemble; & ces piéces font un assemblage IKLL soûtenu par la rouë M, sur laquelle il pose par un bout, étant appuyé par l'autre bout sur le patin K.

Pour faire agir la Machine on fait tourner les moulinets NS, appuyant sur S, & par ce moyen le poulain AA qui soûtient le fardeau est soulevé à cause des leviers HH qui sont tirés en haut par les cables OO; & alors le fardeau ne posant plus sur le poulain BB, mais sur les montans II qui sont sur le patin qui pose à terre, on tire le traîneau BB de la longueur de cinq ou six pieds par le timon Q, ensuite dequoi on retourne les moulinets appuyant sur NN, pour laisser descendre le poulain A tiré par le cable XX, ce qui fait en même tems soulever le patin, qui ne posant plus à terre, fait que tout le fardeau pose sur ces rouleaux; & alors on tire le poulain AA par le cable P: & on continuë ainsi à tirer tantôt le poulain BB, tantôt le poulain AA, ainsi qu'il a été dit. Fi. I. & III.

Pour faciliter les mouvemens de la Machine on double les poulies; car le cable attaché au timon du poulain BB, qui passe sous la poulie T, attachée au poulain AA, double la force de la puissance qui le tire, & les poulies VV, YY, doublent la puissance des moulinets NS, lorsqu'ils agissent pour lever les leviers HH, par lesquels tout le fardeau du poulain AA est enlevé: & la poulie Z double aussi la puissance des moulinets, lorsqu'abaissant les leviers HH ils soulevent le patin pour faire qu'avec tout l'assemblage IKLL & la rouë M, le poulain AA & le fardeau qu'ils portent puissent être remués étant tirés par le cable P, & poussés par les quatre hommes qui ont fait agir les moulinets, & encore par quatre autres qui, lorsqu'il en sera besoin, agiront avec des leviers mis dans les trous qui sont aux bouts de chaque rouleau. Ces leviers serviront principalement lorsqu'il faudra aller en montant & que l'on a besoin de plus de force, ou lorsqu'il y aura quelque descente, & qu'au contraire il faudra empêcher que Fig. III.

le poulain AA ne roule trop facilement.

Avant 1699. N°. 7. Il est évident que la plus grande action & le plus grand effort des hommes qui travailleront à remuer cette Machine, n'est que pour soulever le fardeau de quatre ou cinq pouces seulement par le moyen des moulinets, avec lesquels quatre hommes peuvent aisément lever quarante milliers : ainsi le fardeau étant soulevé, le traîneau n'ayant point d'autre pesanteur que la sienne, parce qu'alors il ne soûtient pas le fardeau, il sera aisé à traîner, & les inégalités du chemin ne feront point faire de cahots au fardeau qui ne pose que sur le patin : & tout de même lorsque le fardeau appuyera sur le traîneau, il pourra s'avancer sans aucun cahot, parce qu'il coulera sur le traîneau qui est fort uni, & tout-à-fait immobile.

FIG. I. Pour ce qui est de faire détourner toute la Machine dans les détours des chemins, cela ne sera pas difficile, n'y ayant qu'à faire passer les becs Π Π du traîneau sur les dossiers Φ Φ pendant que le poulain AA est soulevé, & faire glisser le traîneau sur les dosses par le moyen des leviers passés dans les trous de la dosse de devant.

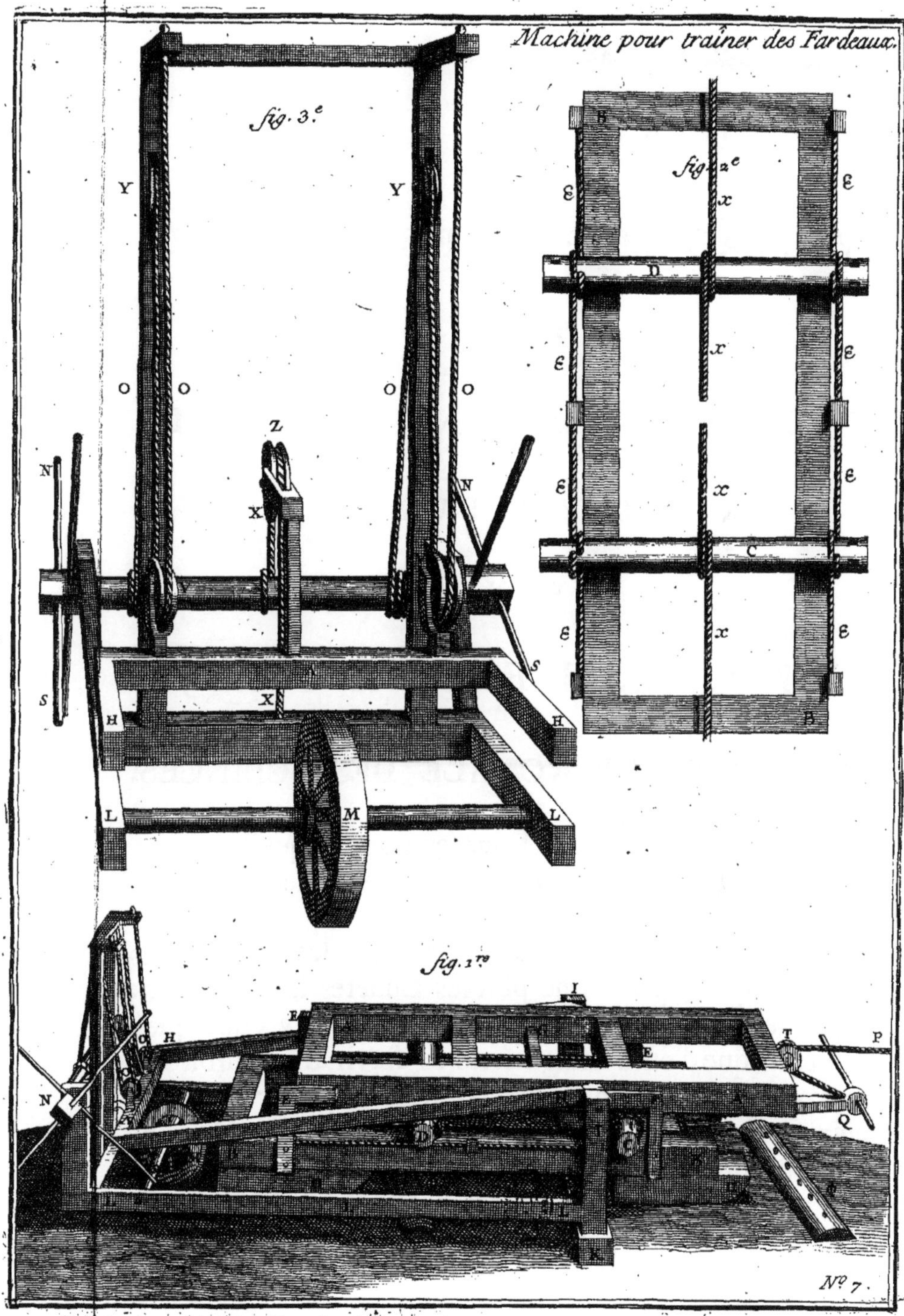
Machine pour traîner des Fardeaux.
fig. 3.e
fig. 2.e
fig. 1.re
Nº 7.

MACHINE

AVEC LAQUELLE ON PEUT SE SERVIR D'UN GRAND TUYAU DE LUNETE IMMOBILE, PAR LE MOYEN D'UN MIROIR, INVENTÉE PAR M. PERRAULT, DE L'ACADEMIE ROYALE DES SCIENCES.

Avant 1699. N°. 8.

L'USAGE des grandes Lunetes pour lesquelles on a des verres de deux & de trois cens pieds, est fort incommode à cause de la difficulté qu'il y a de manier leurs grands tuyaux, principalement pour les observations astronomiques, parce que plus les Lunetes sont grandes, & plus les astres passent vîte à proportion. Il y a déja quelque tems que l'on a imaginé de se servir d'un miroir qui renvoye l'image des objets dans le tuyau, qui par ce moyen peut servir, quoiqu'il demeure immobile. La Machine que l'on propose ici fait fort commodément tout ce que l'on peut attendre d'une Machine : la difficulté est de trouver un miroir aussi parfait qu'il est nécessaire pour ne point

Avant 1699. N°. 8.

corrompre les rayons, ainsi qu'il est malaisé qu'il ne fasse pas quand il s'agit de représenter exactement un objet fort éloigné.

Comme il est nécessaire ici de suivre les mouvemens des objets qui changent de place, & que ces mouvemens sont composés d'inclinaison lorsqu'ils sont de differentes hauteurs, & de déclinaison lorsqu'ils se font de droite à gauche, ou de gauche à droite, la Machine fait ces effets par le moyen de trois chassis mis l'un dans l'autre. Le plus grand chassis AA & le plus petit BB servent aux mouvemens de déclinaison; le chassis moyen CC qui est placé entre les deux autres sert aux mouvemens d'inclinaison. Le miroir est dans le petit chassis, lequel se remuë sur des pivots DD posés verticalement: par ces pivots il est attaché au chassis moyen, qui est attaché au grand par des pivots ou essieux horisontaux EE. Le grand chassis se peut tourner à droite & à gauche sur un pivot FF qui lui est attaché en bas, & qui traverse une table ou treteau GG, qui soûtient toute la Machine. Au haut du grand chassis il y a un tuyau H pour addresser à l'objet, & par le moyen duquel on donne à la Machine ses deux mouvemens, sçavoir celui qui est pour les hauteurs en haussant ou baissant le tuyau, & celui des déclinaisons en le tournant à droite ou à gauche. Le mouvement pour les hauteurs se fait par le moyen d'un essieu I au travers duquel le tuyau passe, & qui tourne quand on hausse ou qu'on baisse le tuyau: cet essieu a à l'un de ses bouts une petite poulie verticale K qui lui est attachée. Cette poulie est jointe à une autre poulie L, qui est aussi verticale, mais plus grande, par le moyen d'une corde ou chaîne qui les embrasse l'une & l'autre; & cette seconde poulie étant attachée à un des côtés du chassis moyen elle le fait incliner, suivant les diverses inclinaisons du tuyau: de sorte que le petit chassis dans lequel est le miroir, est incliné de la même maniére que le chassis du milieu auquel il est attaché par les pivots DD.

Avant 1699. N°. 8.

Pour les déclinaisons il y a trois poulies M, N, O, & une demi-poulie P, le plan de la demi-poulie est traversé par l'essieu *t t*, attaché aux deux branches *s s*, lesquelles sont percées chacune par le bout pour recevoir les essieux qui les attachent au petit chassis, pour le faire décliner lorsque la demi-poulie décline; ce qui arrive lorsqu'elle est liée par les chaînes qui l'attachent à la poulie N, dont le mouvement dépend de la poulie M, par le moyen de la poulie O qui lui est attachée par le pivot V. Car lorsqu'en détournant le tuyau H, au travers duquel on regarde l'objet, on fait décliner le grand chassis, la poulie M qui lui est attachée fait tourner la demi-poulie P, ainsi qu'il a été expliqué, & la demi-poulie fait décliner le petit chassis par le moyen des petits essieux, qui étant attachés aux branches *ss*, & les branches à l'essieu *tt* qui traverse le plan de la demi-poulie, ils ont un même mouvement en ce qui est de la déclinaison, & la demi-poulie demeure toûjours horisontale, de même que les poulies O, N, M: au lieu que le petit chassis a l'inclinaison de même que la déclinaison, à cause que l'essieu *t t* a la liberté de tourner dans la demi-poulie qu'il traverse.

Comme il est certain que pour faire qu'un miroir réfléchisse un objet vers l'œil, il est nécessaire que la ligne d'incidence, & celle qui est réfléchie vers l'œil soient également distantes de celle qui est perpendiculaire au plan du miroir & au point sur lequel la réfléxion se fait; & que si l'objet seul change de plan, la réfléxion ne peut se faire vers l'œil sur ce même point, que le miroir ne change aussi de place, pour être situé de maniére que la perpendiculaire à son plan se rencontre également distante de la ligne de l'incidence, & de celle de la réfléxion: Il est aisé de concevoir que l'inclinaison & la déclinaison que l'on doit donner au miroir, ne doivent être que de la moitié des dégrés de la déclinaison & de l'inclinaison de l'objet; puisque si le changement de plan étoit de l'œil & de l'objet

Avant 1699. N°. 8.

tout ensemble vers un même endroit, il faudroit que le miroir se détournât d'autant de dégrés que l'œil & l'objet se seroient détournés.

Or ce déplacement ainsi proportionné est ce que la Machine fait fort exactement, à cause de la proportion que les poulies ont à l'égard les unes des autres; car le diametre de la poulie K n'ayant que la moitié de celui de la poulie L, si un astre ou quelqu'autre objet s'éleve, par exemple de dix dégrés, le miroir ne s'éleve que de cinq; & s'il décline de dix dégrés, le miroir ne décline aussi que de cinq, parce que le diametre de la poulie O, qui a la même déclinaison que le tuyau H, n'est que de la moitié du diametre de la demi-poulie P qu'elle remuë.

Moyen d'employer de grands Tuyaux de Lunettes.

N° 8.

HORLOGE A PENDULE

QUI VA PAR LE MOYEN DE L'EAU,

INVENTÉE

PAR M. PERRAULT,

DE L'ACADEMIE ROYALE DES SCIENCES.

Avant 1699. N°. 9.

PLANCHE I.

COMME l'eau est une des puissances que l'on employe ordinairement pour le mouvement des Machines, on peut dire qu'elle est très-propre pour faire aller une Horloge, parce que son mouvement pouvant être continuel comme il l'est dans les sources des fontaines, il exempte de la sujétion qui se rencontre dans les contrepoids & dans les ressorts qu'il faut souvent remonter; & on lui peut tout au moins faire produire le même effet que le ressort & le contrepoids, en remplissant de tems en tems un reservoir que l'on pourroit même emplir de sable au lieu d'eau.

Quoique la justesse que le pendule donne aux Horloges soit telle qu'elle remedie aux inégalités qui se peuvent rencontrer dans l'impulsion des ressorts, qui agissent avec beaucoup plus de force vers le commencement que vers la fin; l'avantage néanmoins qui se trouve dans l'égalité du cours de l'eau qui peut être reglé, n'est pas une chose tout-à-fait à mépriser, & il est aisé de le regler en

Avant 1699. N°. 9

faisant tomber l'eau destinée au mouvement du pendule, dans une cuvette A, qui ait une ouverture B, par laquelle l'eau qui s'éleveroit au-dessus du trou par où elle tombe sur le pendule, se pourroit écouler.

L'eau qui coule par le tuyau C, tombe dans la petite quaisse D, laquelle est attachée à l'essieu EE, fait en couteau comme à une balance; & à cet essieu est aussi attachée la fourchette F, dans laquelle le pendule passe à l'ordinaire. La petite quaisse est partagée en deux par le milieu G; de maniére que l'eau qui tombe du tuyau C, justement sur ce milieu quand le pendule est arrêté, tombe toûjours dans l'un des deux côtés quand le pendule a été mis en mouvement; & ce côté-là est toûjours celui qui est élevé: ce qui fait que l'eau de l'autre côté se vuidant à cause qu'il est penché, l'eau qui est dans le côté élevé, aide par sa pesanteur au retour du pendule, & se vuide aussi à son tour, pendant que l'autre côté qui est élevé reçoit de même à son tour de l'eau pour le faire redescendre; & ainsi l'eau qui tombe toûjours fait le même effet que le ressort ou le contrepoids dans les autres pendules.

Pour faire que le balancement de l'essieu, qui soûtient la petite quaisse, remuë les roues qui doivent faire aller l'aiguille du cadran, il y a au bout de l'essieu qui est opposé à celui auquel la fourchette est attachée, un petit crochet en pied de biche, qui obéissant d'un côté, & demeurant ferme de l'autre, pousse une des dents de la rouë H à chaque révolution du pendule. Le crochet en pied de biche, & le reste de l'essieu EE sont marqués par des lignes ponctuées; parce que ces parties sont cachées.

HORLOGE

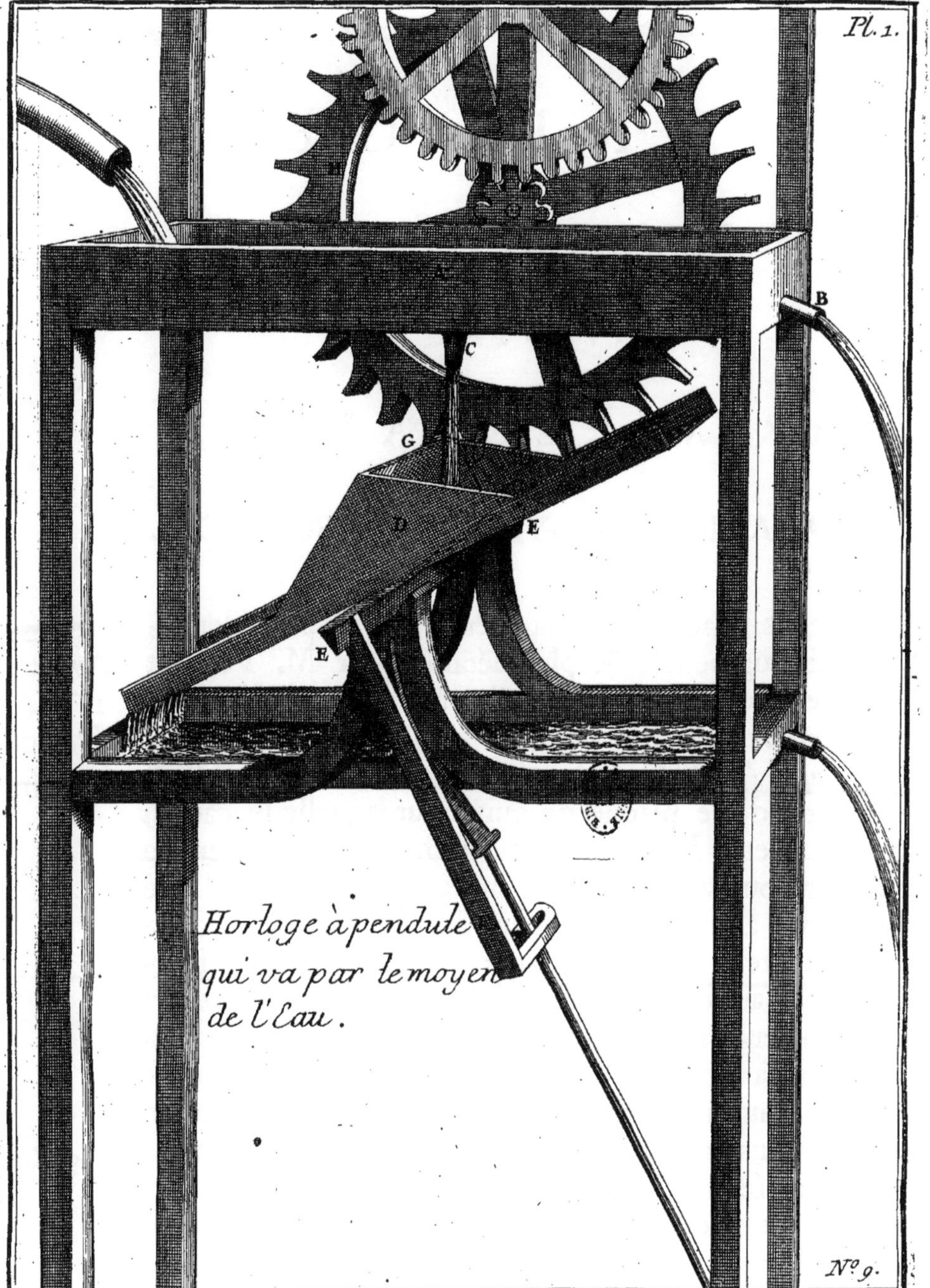
Pl. 1.
A
B
C
D
E
E
G
H
Horloge à pendule qui va par le moyen de l'Eau.
N°. 9.

HORLOGE

QUI VA PAR LE MOYEN DE L'EAU,

INVENTÉE

PAR M. PERRAULT,

DE L'ACADEMIE ROYALE DES SCIENCES.

CETTE Machine eſt la même que la précédente, mais augmentée & plus détaillée par M. Perrault lui même; & elle a été deſſinée d'après une grande Horloge effectivement exécuté.

Avant 1699. N°. 10.

PLANCHE II.

La cage ABCD eſt de fer; la face poſtérieure AB eſt recouverte d'une plaque de cuivre ſur laquelle le cadran eſt tracé. Cette Machine peut marcher par le moyen du balancier, ou avec une rouë; en ce dernier cas c'eſt une ſimple rouë à godet E qui mene le mouvement. L'on a une conduite F qui vient de quelque ſource, & qui fournit de l'eau aux endroits GH : alors la rouë E, ſi l'on ſe ſert du balancier, ſera la rouë de ſonnerie, dont il ſera parlé dans la ſuite. Ce balancier eſt formé par une quaiſſe L, que l'eau qui tombe de la conduite F fait mouvoir, comme dans la conſtruction précédente. L'axe M taillé en couteau ſe meut ſur des ſuports compoſés de la même façon. A cet eſſieu eſt attaché la fourchete N, dans laquelle le pendule paſſe à l'ordinaire.

FIG. II.

Avant 1699. N°. 10.

Pour que le mouvement de l'essieu qui soûtient la quaisse fasse aller le rouage, il y a au bout de l'essieu opposé à celui auquel la fourchete est attachée, un petit crochet en pied de biche qui obéït d'un côté, & demeure ferme de l'autre, & pousse une des dents du rochet O à chaque vibration. Le crochet en pied de biche & le reste de l'essieu sont marqués par des lignes ponctuées, parce que ces parties sont cachées. Au centre du rochet O est un pignon qui engrene dans le rouage placé derriére la plaque P : si le mouvement est mené par la roue E, c'est
Fig. I. alors un pignon fixé à son arbre qui engrene dans le rouage; mais il faut toûjours un balancier pour régler l'Horloge.

L'eau de la source est dirigée sur la roue E par le petit tuyau Q ; cette eau ne se perd point d'abord, car elle tombe dans une cuvete demi-ronde, qui emboîte la roue à sa partie inférieure ; cette cuvete est garnie d'un second tuyau R, qui en dirigeant l'eau dans les godets de la seconde roue I posés en sens contraire de ceux de la roue E, la fait tourner ; mais d'un sens contraire à la premiére. Cette même roue est aussi enfermée dans une cuvete, elle est garnie de chevilles, qui servent à faire mouvoir le marteau, & à le faire frapper sur la cloche autant de coups que la roue de compte lui permet ; cependant l'eau après avoir fait mouvoir ces roues se perd par le tuyau S fixé à la grande cuve où est attachée la cloche.

Le mouvement fait partir la sonnerie par le moyen d'une détente TVX placée derriére la roue des minutes, qui porte une cheville. Cette détente a aussi un pied de retenue XZ qui retient la roue Z, à laquelle est fixée la roue de compte. A ce pied de retenue tient une seconde détente Y *u* qui porte une cheville *c*, dont l'usage est de retenir
Fig. III. la roue de sonnerie. L'on conçoit donc que la roue de compte qui est menée par des roues que la roue de sonnerie I fait mouvoir, tend toûjours à tourner, & que la cheville de la roue de minutes venant à rencontrer la détente TV,

Avant 1699. N°. 10.

dégage en même-tems le pied de retenuë XY, qui en s'élevant éleve aussi le levier Y *a*, dont la pointe entre dans les entailles de la rouë de compte : pour lors la cheville *c* se dégage de la coche *d*, qui retenoit la rouë de sonnerie I; cette rouë sur laquelle tombe l'eau dirigée par le tuyau R, tournera toûjours jusqu'à ce que la pointe *e* du levier rencontre une entaille : & toutes ces piéces étant retenuës par la détente, le poids de l'eau ne sçauroit faire aller la sonnerie si elle n'est détenduë par la rouë de minutes.

MACHINE
POUR
EMPESCHER QUE LES GROS CABLES
DES ANCRES
NE SOIENT FACILEMENT ROMPUS,
INVENTÉE
PAR M. PERRAULT,
DE L'ACADEMIE ROYALE DES SCIENCES.

Avant 1699. Nº. 11.

CE n'eſt pas ſans raiſon que l'Ancre eſt le ſymbole de l'eſpérance, puiſque ſouvent c'eſt de cet inſtrument que dépend le ſalut d'un Vaiſſeau : & c'eſt pour cela qu'on apporte tant de ſoin à bien forger les Ancres pour les rendre fortes, & qu'on les attache à des cables d'une groſſeur prodigieuſe, pour les rendre capables de réſiſter aux efforts terribles que la peſanteur énorme d'un Vaiſſeau qui eſt en branle fait ordinairement pour les rompre. Ces cables cependant qui ſont d'une très-grande dépenſe, & d'un étrange embarras, ne ſe trouvent le plus ſouvent pas aſſez forts ;

Avant 1699. N°. 11.

& ils pourroient être moins gros & moins sujets à être rompus, si l'on y apportoit les précautions que la Méca-nique peut fournir, & que l'on employe utilement en d'autres rencontres pour le même effet.

Comme il est constant que le principal effet des efforts qui se font par le mouvement, dépend de sa vîtesse, il s'ensuit qu'il n'y a point de moyen plus sûr d'empêcher son effet que de diminuer cette vîtesse : l'expérience fait voir qu'il y a des choses qui bien que foibles ne laissent pas de résister davantage que d'autres plus fortes. Un ballot de laine résiste à un boulet de canon qui perce un mur : le fait est averé, & la cause n'en est pas difficile à comprendre si l'on considére que la maniére differente dont le ballot de laine & le mur reçoivent le boulet est cause de l'effet different qu'il y produit : car le mur est rompu, parce que sa dureté fait que toute sa résistance s'opposant d'abord à tout l'effort du boulet, c'est-à-dire, à tout son mouvement, il est nécessaire que le plus fort l'emporte. Mais la masse du ballot, quoique moins forte en elle-même que celle du mur, résiste davantage à cause de sa maniére de résister, qui fait que d'abord elle ne s'oppose qu'à une partie du mouvement du boulet, qui ne sçauroit être si peu diminué à l'abord, qu'il ne perde bien-tot toute sa force, par la raison que la seconde résistance étant pareille à la première, & le second effort étant moindre que le premier, il arrive nécessairement que l'un céde bientôt à l'autre. Et c'est en cela que l'effort des choses poussées par des causes externes est diminué par des obstacles, quoique foibles quand ils sont réïterés, & que cela ne leur arrive pas quand elles sont remuées par une cause interne telle qu'est la pesanteur, qui demeurant toûjours la même, & surmontant toûjours à peu près les mêmes obstacles, tels que sont ceux de l'air, ne reçoit aucune diminution dans la vîtesse du mouvement qu'elle cause aux corps qui tombent.

Ces raisons peuvent faire croire qu'il n'est pas impossible de pourvoir aux inconveniens de la rupture du cable des Ancres, laquelle arrive ordinairement, ou par la rencontre des rochers cachés au fond de l'eau qui les rompent, ou par la violence des vagues avec laquelle les Vaisseaux sont emportés.

La Machine que l'on propose peut empêcher tout ensemble l'effet de ces deux causes : car en empêchant que l'effort qui se fait contre le cable en le tirant soudainement n'agisse tout à la fois contre toute sa résistance, il ne sera point nécessaire de le faire si fort ni si gros; & par cette raison il sera moins en danger de se rompre contre les rochers, parce qu'en lui ôtant cette grosseur qui l'empêche de plier aisément, on lui ôtera ce qui le rend le plus sujet à se rompre, qui est cette infléxibilité qui le fait résister avec plus de fierté que de force, & enfin de la mauvaise maniére dont il résiste, qui a été expliquée par la comparaison du mur de pierre & du ballot de laine.

La Machine est composée de quatre piéces de bois de brin A, B, C, D, couchées l'une contre l'autre deux à deux, & jointes ensemble les deux d'un côté avec les deux de l'autre côté par le moyen des liens, dont celui qui est marqué E, empêche que les piéces qui sont jointes par son moyen ne puissent s'écarter en cet endroit-là; & celui qui est marqué F empêche qu'elles ne s'approchent, afin qu'ils n'ayent la liberté de s'approcher que par l'autre extrémité, où les plus grandes piéces A & D, ont chacune une poulie GH, pour soûtenir le cable IKL, les deux autres piéces B & C, ne servant qu'à donner une résistance convenable aux deux premieres lorsqu'elles viennent à être pliées : car par cet assemblage de deux piéces la résistance qui se fait au pliement n'a pas la fierté qu'auroit une seule piéce de la grosseur des deux ensemble, parce qu'elles coulent l'une sur l'autre en pliant. Or le cable attaché à la piéce A à l'endroit I, va tourner à la

Avant 1699. N°. 11.

poulie H, & revient passer sur la poulie G, & ensuite est attaché au cable de l'Ancre marqué M, qui a un nœud vers L qui l'empêche de sortir de l'ouverture de l'Ecubier N, où il est arrêté en cas que la grande force avec laquelle le Vaisseau est emporté tirât assez fort pour rompre les cables. Car il est certain que ce seroit le cable qui passe sur les poulies qui seroit rompu, étant le plus foible, & par ce moyen le gros cable seroit conservé. Comme le cable qui passe sur les poulies a besoin d'être flexible, & qu'il n'a point à résister aux fatigues que celui qui est dans l'eau doit souffrir, il ne seroit point nécessaire de le gaudronner, ni de le faire si gros. Et il y a même lieu de douter s'il ne seroit pas meilleur aussi de ne point gaudronner le gros cable, y ayant apparence qu'il pourroit résister plus longtems à la pourriture qui lui arriveroit faute de gaudron, qu'à la rupture que cette composition lui peut causer en le rendant roide & inflexible, & qu'il faut craindre que quelque précaution que l'on puisse apporter pour rendre la composition souple & peu cassante, elle ne le devienne par la froideur de l'eau, qui endurcit toûjours toutes les substances resineuses; & il y a plus d'apparence de croire que les cables sont rompus à la rencontre des rochers par ces raisons, que de s'imaginer qu'ils puissent être, ou coupés, ou usés par des pierres; puisque ces Ancres que l'on ne peut pas dire être capables d'être coupées ou usées, ne manquent que par la fierté du fer, sans quoi elles résisteroient à des efforts beaucoup plus grands que ne sont ceux qui ont accoûtumé de les rompre.

Or on peut fabriquer les Ancres de maniére que par le même principe elles pourront, ainsi que la Machine qui est dans le Vaisseau, fournir un moyen pour diminuer le terrible effort que l'ébranlement du Vaisseau est capable de produire sur le cable qui le retient, en faisant que de même que le bout du cable attaché au Vaisseau n'est point trop fermement retenu, l'autre bout qui est attaché à l'Ancre, l'Ancre, trouve pour ainſi dire, une pareille obéïſſance dans l'Ancre.

Avant 1699. No. 11.

Pour cet effet la tige de l'Ancre ſe diviſe en deux branches PP, leſquelles ſont écartées pour tenir lieu du jas, ou gros travers de bois, qui ſert aux Ancres ordinaires pour les diſpoſer comme il faut à accrocher. Ces branches ont chacune un anneau dans lequel le cable eſt paſſé, de maniére qu'en tirant il fait plier les deux branches, leſquelles empêcheront en obéïſſant, que l'effort des vagues ne rompe ni le cable, ni l'Ancre.

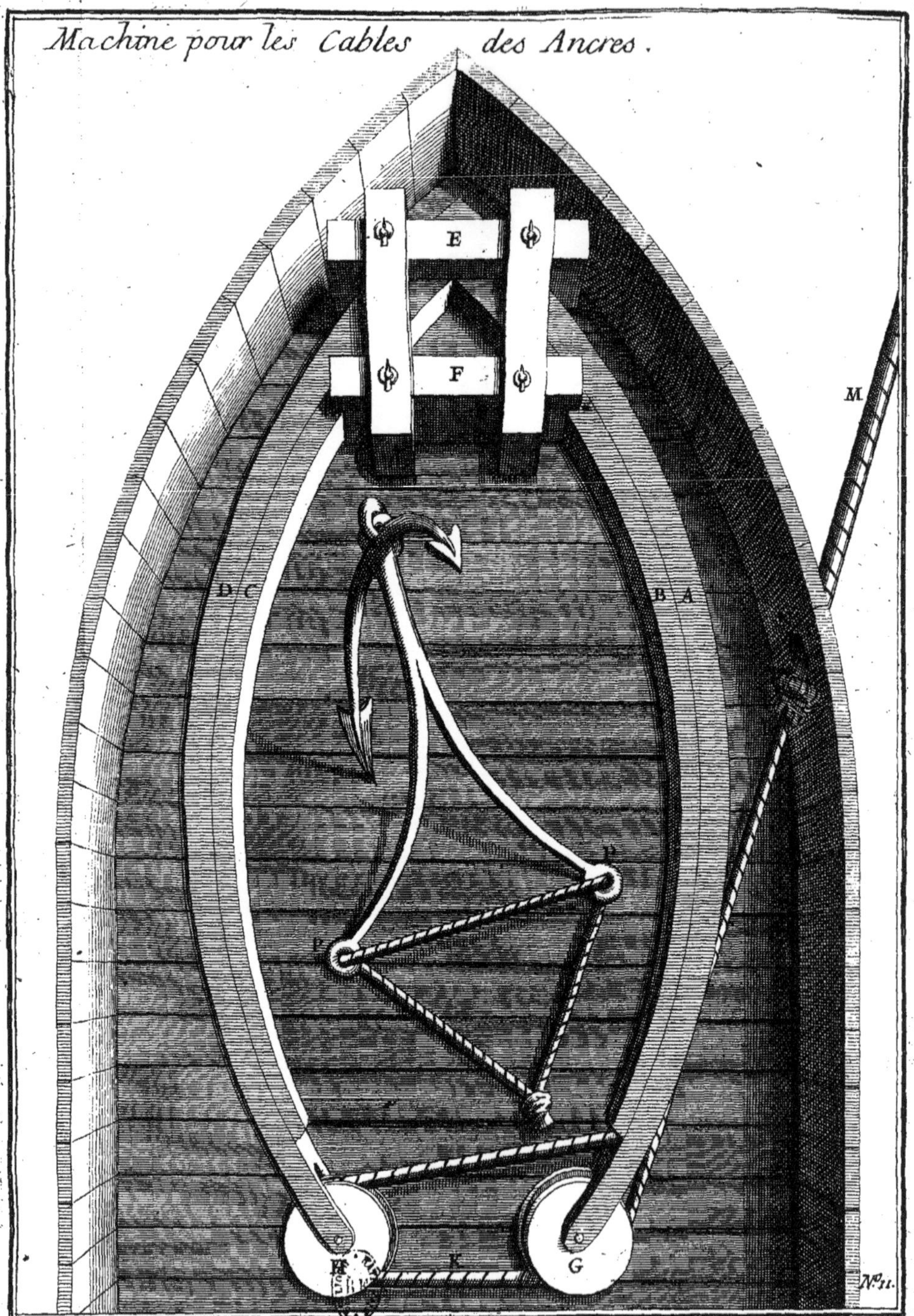
Machine pour les Cables des Ancres.
E
F
M
D C
B A
P
P
H
K
G
N°11.

MOYEN
DE FAIRE UN PONT
D'UNE LONGUEUR EXTRAORDINAIRE
QUI SE LEVE ET SE BAISSE
AVEC UNE GRANDE FACILITÉ,
INVENTÉ
PAR M. PERRAULT,
DE L'ACADEMIE ROYALE DES SCIENCES.

Avant 1699. N°. 12.

LE Pont qui eſt ici décrit eſt fort facile à remuer, à cauſe de la diſpoſition de toutes les parties qui le compoſent. Elles ſont en un équilibre qui fait que la peſanteur des unes étant contraire à la peſanteur des autres, à peu de choſe près, la puiſſance qui les doit remuer n'a guére d'autre obſtacle à ſurmonter que la répugnance que tous les corps ont au mouvement, laquelle n'eſt point cauſée par la peſanteur ; qui eſt une choſe que la Mécanique ne peut ôter. Or la diſpoſition de ce Pont fait voir clairement que ni la peſanteur, ni le frottement des parties ne peuvent être cause d'aucune difficulté qu'il puisse y avoir à le remuer.

Avant 1699. N°. 12.

Le Pont AB est composé de deux poutres assemblées par deux travers. Il est soûtenu dans le milieu par deux autres poutres CC assemblées aussi, & faisant un chassis qui pose sur une retraite D qui est au bas du mur EE, qui fait le revêtement. Pour baisser le Pont on tire le cable F attaché au haut du chassis, qui étant par ce moyen approché du mur EE, il arrive que le bout du Pont A, ne posant plus sur le mur G, fait la bascule, parce qu'il est attaché sur le chassis par des pivots, ainsi qu'il est représenté en H; & en cet état on le tire contre le mur E, & on le met en l'état représenté en L.

Pour le remettre en son premier état on tire la corde M, & l'ayant remis comme il est représenté en N, on le pousse jusqu'à ce que ses deux bouts posent sur les deux murs & sur les pivots du chassis CC, qui sont les trois endroits sur lesquels il est soûtenu.

Or ce qui tient ce Pont toûjours en équilibre est une chaîne OO, composée de plusieurs poids. Elle est attachée au chassis CC par le cable P, qui est soûtenu par les poulies QQ. Les poids sont enchaînés de maniére que chaque poids ayant une cavité dans sa longueur par le milieu, ainsi qu'il se voit aux poids SS, qui sont coupés par la moitié, le chaînon R du poids qui est au-dessous, & qui est arrêté par une goupille quand la chaîne est étenduë, entre dans la cavité, & laisse descendre le contrepoids qui pose sur celui de dessous. Et cela est ainsi pour faire que les poids, qui agissant tous ensemble, ainsi qu'ils sont représentés en ORO, font équilibre avec le Pont situé ainsi qu'il est en H, où est sa plus grande pesanteur, ne soient pas trop pesants lorsque le pont s'approche du mur E; ce qui arriveroit si la chaîne avoit toûjours la même pesanteur; parce que la pesanteur du Pont va toûjours en diminuant à mesure qu'il approche du mur. Or pour empêcher qu'alors il ne soit tiré avec une violence qui pourroit tout rompre, le poids d'embas pose à terre, & les autres ensuite les uns sur les autres, & cessent de tirer à mesure que la pesanteur du Pont diminuë en approchant du mur.

Cette chaîne est une très-belle invention, & à laquelle je n'ai point d'autre part que la construction particuliére que je lui donne ici, où il est nécessaire que des poids fort gros soient enchaînés de telle sorte qu'ils ne s'embarrassent point en descendant les uns sur les autres. La même chose se pourroit faire par le moyen d'un ressort avec un arbre tendu qui produiroit un pareil effet, parce qu'il est plus foible quand on commence à le plier: mais il est difficile de faire que cette proportion de force plus ou moins grande pour tirer, se rapporte bien juste à la proportion de la differente pesanteur que le fardeau a dans ses differentes situations dans la Machine dont il s'agit, au-lieu qu'il est aisé de la rendre juste si l'on fait que les poids soient divisés en quantité de parties telles que sont des boulets de canon, desquels ayant pris une quantité suffisante pour égaler la plus grande pesanteur du Pont, qui est celle qu'il a quand il est dans la situation H; il est aisé de les distribuer pour chacun des six poids ORO, qui seront des boëtes dans lesquelles l'on mettra autant de boulets qu'il sera nécessaire, pour faire qu'étant inégaux ils puissent tirer également.

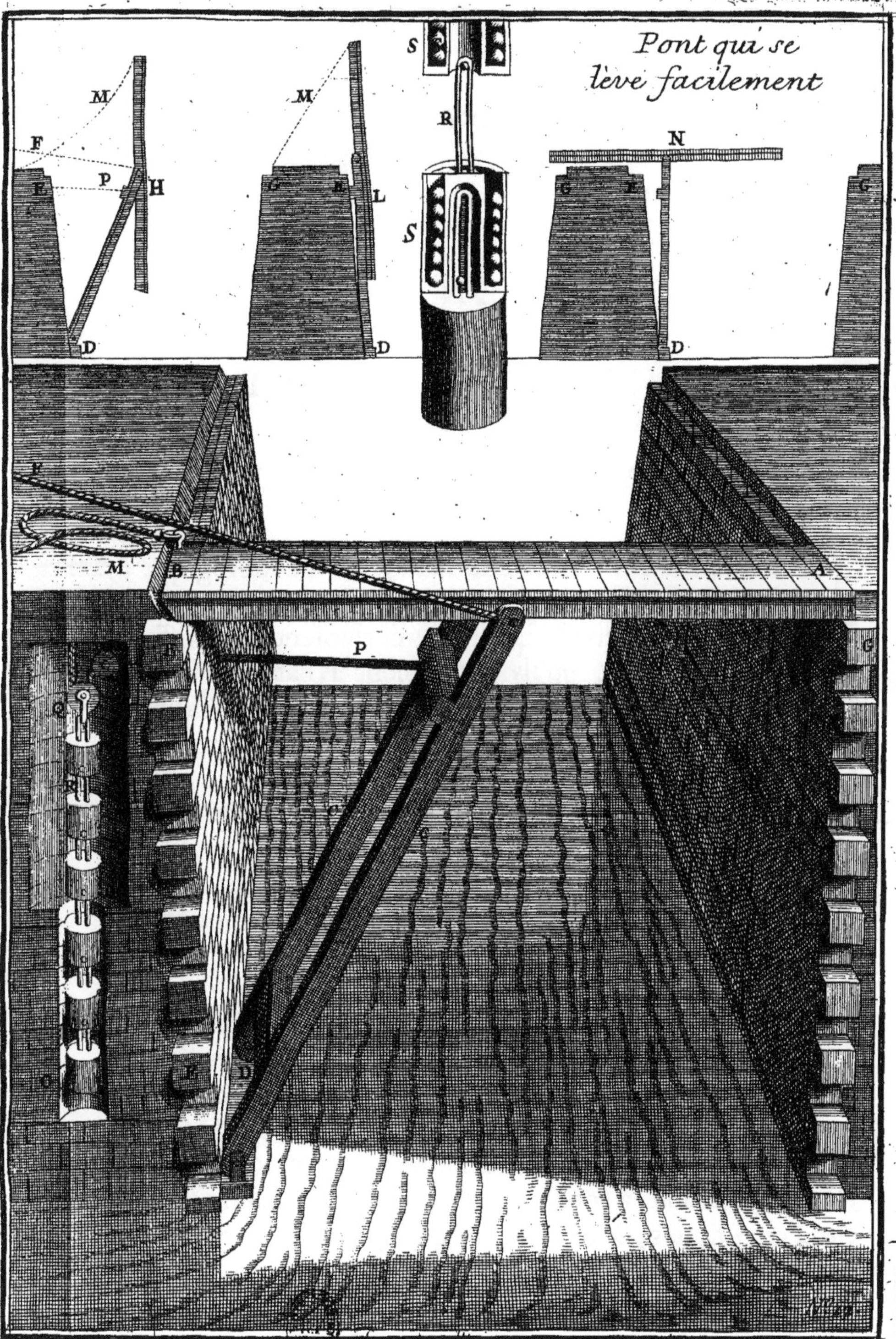
Pont qui se
lève facilement

ABAQUE RHABDOLOGIQUE

INVENTÉ

PAR M. PERRAULT,

DE L'ACADEMIE ROYALE DES SCIENCES.

Avant 1699. N°. 13.

J'APPELLE cette Machine Abaque Rhabdologique, parce que les Anciens appelloient Abaques de petites tables ou planches ſur leſquelles ils écrivoient des chiffres d'Arithmétique ; & qu'ils appelloient Rhabdologie, la ſcience qu'ils employoient à faire diverſes opérations d'Arithmétique par le moyen de pluſieurs petits bâtons ſur leſquels il y avoit des chiffres marqués.

La Machine que je propoſe fait à peu près la même choſe. C'eſt un Abaque ou petite planche de l'épaiſſeur d'un doigt, longue d'environ un pied, & large de demi-pied. Elle eſt creuſée & compoſée de lames minces d'yvoire, ou de cuivre, pour enfermer de petites régles ſur leſquelles les chiffres ſont marqués. La lame de deſſus marquée ABGD eſt taillée à jour, ayant deux fenêtres, une ſupérieure EF, & une inférieure GH, longues & étroites, dans leſquelles les chiffres doivent paroître. Elles ſont éloignées l'une de l'autre d'environ trois pouces, & dans cet eſpace il y a d'une fenêtre à l'autre des raînures IK, percées auſſi à jour, éloignées l'une de l'autre d'environ cinq lignes, & de maniére qu'il y a auſſi environ cinq lignes à dire que les raînures n'aillent juſqu'aux fenêtres.

Avant 1699. N°. 13.

Sous la lame il y a plusieurs petites régles *a,b,c,d,e,f,g*, posées côte à côte l'une de l'autre, & qui peuvent couler vers le haut, & vers le bas : elles sont larges d'environ quatre lignes, & longues de sept pouces & demi ; leur longueur est divisée en 26 parties égales par des lignes gravées en travers, un peu profondes pour arrêter la pointe d'un poinçon avec lequel on les fait couler. Dans les espaces qui sont entre les gravûres il y a 22 chiffres marqués, onze de suite vers le haut, & autant vers le bas : de maniére néanmoins qu'il y a quatre espaces vuides entre chaque suite de chiffres qui sont 0. 1. 2. 3. 4. 5. 6. 7. 8. 9. 0. en commençant par en-haut ; & après avoir laissé quatre espaces vuides, il y a en continuant à aller en embas 0. 9. 8. 7. 6. 5. 4. 3. 2. 1. 0.

Entre les raînures il y a sur la lame les neuf chiffres 1. 2. 3. 4. 5. 6. 7. 8. 9. marqués en montant, & suivant les mêmes espaces qui sont sur les régles.

Quand on fait hausser ou baisser les régles, les chiffres paroissent dans les fenêtres, tantôt l'un, tantôt l'autre, mais de maniére que les deux chiffres d'une même régle qui paroissent dans les deux fenêtres font toûjours le nombre de dix, c'est-à-dire, que s'il y a 9. en haut, il y a 1. en bas, s'il y a 6. dans une fenêtre, il y a 4. dans l'autre.

Ces régles qui sont posées à côté l'une de l'autre représentent l'ordre des chiffres ; la premiére qui est à la droite étant pour le nombre simple marqué N au-dessus de la fenêtre supérieure EF ; la seconde étant pour les dixaines marquées D ; la troisiéme pour les centaines marquées C, &c. Elles sont séparées par de petites lames fort minces, lesquelles sont interrompuës de la longueur des trois espaces ; & le milieu de cette interruption se doit rencontrer vis-à-vis de la fenêtre d'embas. Chaque régle a par en-bas à un de ses côtés des entailles LL en maniére de cramaillére, chaque cran étant vis-à-vis des onze chiffres ; & la même régle a à son autre côté un crochet M, pour tirer en-bas en-bas l'autre régle qui est sa voisine en allant vers la main gauche. Mais pour faire que le crochet ne fasse point descendre la régle qu'il tire de la grandeur d'un espace, ainsi qu'il est nécessaire, le crochet doit être fait de maniére qu'il entre dans sa régle, & qu'il y demeure caché sans pouvoir sortir dehors que quand il est au droit de la fenêtre d'embas: & il faut encore qu'il rentre & se cache aussi-tôt qu'il a fait descendre d'un espace la régle qu'il tire. Il y a deux choses qui lui font faire cet effet; l'une est que le crochet a un ressort N qui le pousse en dehors; l'autre est que l'interruption des lames qui séparent les régles permet au crochet de sortir pour s'engréner dans les entailles faites en cramaillére, seulement au droit de l'interruption quand on fait hausser ou baisser la régle; & qu'à l'endroit où les lames ne sont point interrompuës, le crochet demeure enfermé & hors d'état de pouvoir accrocher.

Pour se servir de la Machine on met la pointe d'un poinçon dans une des raînures au droit d'un des nombres marqués entre les raînures qui vont de haut en-bas, & l'appuyant dans la gravûre qui est en travers dans la petite régle entre les chiffres, on la fait couler en-bas jusqu'à ce que le poinçon soit arrêté au bas de la raînure: & alors un chiffre pareil à celui d'entre les raînures, au droit duquel on a mis le poinçon, paroît dans l'une des fenêtres, desquelles l'inférieure est pour l'addition & la multiplication, & la supérieure pour la soustraction.

Par exemple, si l'on veut avoir le nombre de 8, on le fait descendre à la fenêtre, ainsi qu'il a été dit: mais si on veut ajoûter 7, au-lieu de ce chiffre il paroîtra un 1. au second ordre, & rien au premier: c'est pourquoi sans ôter la pointe du poinçon de la gravûre où il est, il faut remonter jusqu'au haut de la raînure, & alors il paroîtra dans la fenêtre un 5 au premier ordre. Il faudra ainsi remonter toutes les fois qu'il arrivera que la régle étant

Avant 1699. N°. 13.

baissée autant qu'elle le peut, il ne paroîtra rien dans la fenêtre, ou qu'il paroîtra un o.

Pour la soustraction il faut mettre dans la fenêtre d'en-haut le nombre dont on veut soustraire un autre, par exemple 123; & si l'on veut soustraire, par exemple 34. il faut mettre le poinçon sur le 4. du premier ordre, & tirer jusqu'en-bas, & ensuit sur le 3. du second, & tirer de même: car alors le nombre 123. qui étoit dans la fenêtre se changera en celui de 89.

Mais il faut observer que quand il y a un ou plusieurs o dans le nombre dont on soustrait un autre, il faut ôter une unité du nombre restant, sçavoir de celui qui est après le o en allant vers la gauche. Par exemple, si l'on veut soustraire 92 de 150, la Machine donnera 68 au-lieu de 58, qui se trouvera si l'on ôte une unité du 6 qui a paru au second ordre, & après le o de 150. qui est au premier. Le même se doit faire s'il y a plusieurs o. Par exemple, si l'on veut soustraire 264 de 1500, la Machine donnera 1346, au-lieu de 1236, qui se trouveront lorsqu'on aura ôté une unité de 4, à cause du premier o, & une autre de 3, à cause du second.

Pour la multiplication il faut faire la même chose que pour l'addition. Par exemple, si l'on veut multiplier 15 par 15, il faut marquer cinq fois 5. qui est 25. dans la fenêtre d'en-bas, prenant un 5. du premier ordre, & un deux du second; ensuite marquer une fois 5. dans le second ordre, & une fois 1. dans le troisiéme: car alors on trouvera 225.

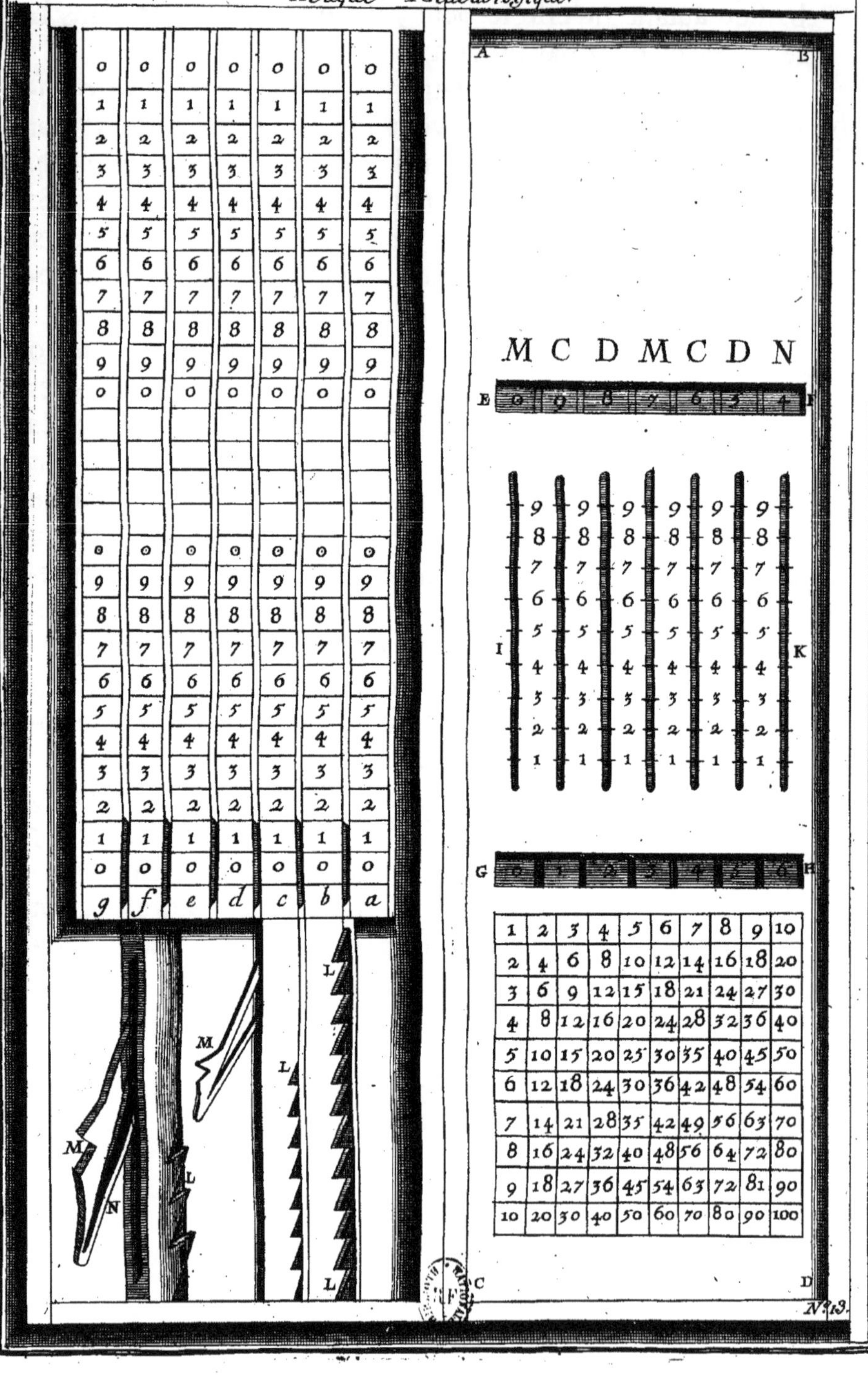

1	2	3	4	5	6	7	8	9	10
2	4	6	8	10	12	14	16	18	20
3	6	9	12	15	18	21	24	27	30
4	8	12	16	20	24	28	32	36	40
5	10	15	20	25	30	35	40	45	50
6	12	18	24	30	36	42	48	54	60
7	14	21	28	35	42	49	56	63	70
8	16	24	32	40	48	56	64	72	80
9	18	27	36	45	54	63	72	81	90
10	20	30	40	50	60	70	80	90	100

PONT DE BOIS D'UNE SEULE ARCHE

DE TRENTE TOISES DE DIAMETRE

POUR TRAVERSER LA SEINE vis-à-vis le Village de Sevre, où l'on proposoit de le construire,

INVENTÉ PAR M. PERRAULT,

DE L'ACADEMIE ROYALE DES SCIENCES.

Avant 1699. N°. 14. et 15

PLANCHE I.

POUR bien comprendre la structure de ce Pont, il faut s'imaginer qu'il est composé de 17 assemblages de piéces de bois, ainsi qu'il est marqué sur le plan, lesquels posés en coupe l'un contre l'autre, se soûtiennent en l'air par la force de leur figure, ce qu'ils font plus aisément que ne feroient des pierres de taille qui ont beaucoup de pesanteur. Les quatre piéces de bois marquées ABCD forment cet assemblage, qui d'un côté tient à un pareil assemblage marqué EE, & de l'autre côté à l'assemblage FEF, avec des chevilles de fer ou de bois GGGG, selon qu'il est jugé le plus à propos. Il y a 5 de ces assemblages dans la largeur du Pont, dont 3 marqués HHH

PLANCHE II. FIG. I.

FIG. II.

Avant 1699. N°. 14. & 15.

ne vont que jusqu'au dessous du pavé du Pont, & deux marqués III montent plus haut, & servent de garde-fous. Ces assemblages sont traversés par deux rangs de moises marquées K, qui les embrassent par des entailles marquées L. Sur le second rang de ces moises se mettent des dosses pour porter le sable & le pavé qui se mettent dessus.

Pour plus grande intelligence, voici le Mémoire qui fut donné à Monsieur Colbert en lui présentant le modéle de ce Pont.

MEMOIRE TOUCHANT LE MODELE du Pont pour bâtir vis-à-vis de Sevre.

LA Riviére à l'endroit où l'on proposoit de bâtir le Pont a 118 toises de largeur. Il y a une Isle au milieu qui en a 30. le Canal du côté de Paris en a 40. & celui du côté de Sevre en a 48. ce qui fait ensemble la largeur de 118 toises.

Le modéle a 30 toises d'ouverture, dans la supposition que les culées de part & d'autre, se prendront dans la Riviére de 5 toises de chaque côté, ou plus d'un côté que de l'autre suivant le fil de l'eau; cette arche de 30 toises avec les culées de 5 toises chacune, traverseroit la Riviére du côté de Paris dans l'Isle qui est au milieu de la Riviére.

Il se fera une chaussée dans l'Isle de la largeur des deux extrémités du Pont qui est de 6 toises. Cette chaussée sera soûtenuë de deux murs d'épaisseur convenable, avec une arche ou deux de pierres pour l'écoulement des grandes eaux pendant l'hyver.

Le Canal de la Riviére du côté de Sévre qui a 48 toises, sera traversé par une arche de Pont de 30 toises comme celle de l'autre côté, & les 18 toises qui restent seront consommées en culées de part & d'autre. Il est à remarquer que ce Canal de la Riviére n'a pas beaucoup d'eau, quoique plus large que l'autre, & qu'il n'y a aucun péril de le rétrecir. De plus il faut observer que l'ouverture de ces deux arches de 30 toises chacune, est plus grande du double que les ouvertures de toutes les arches du Pont de Saint Cloud mises ensemble, parce que les piliers prennent le tiers au moins de la Riviére. Si l'on trouvoit que ces deux arches ne fussent pas assez grandes, on peut les élargir encore de 5 toises chacune; & pour maintenir tout dans la même proportion du modéle, il n'y a qu'à donner 14 pouces au bois, au-lieu qu'il n'en a que 12. mais cela ne paroît pas nécessaire.

Avant 1699. N°. 14. & 15.

Le trait de l'arche est une portion de cercle qui est la plus ferme & la plus solide des figures, les assemblages sont posés en coupe au centre comme des pierres de taille, ainsi elles ont la même force que les pierres sans avoir la même pesanteur.

Tous les bois qui font l'arc sont mis fil contre fil, parce que le bois ne s'accourcit point, ou très-peu de ce sens-là, & qu'il est plus fort que de l'autre sens : on mettra une table de plomb entre deux pour empêcher les bois de s'échauffer, & d'être moüillés par la jointure & aussi pour les lier, parce que les fibres du bois entreront de part & d'autre dans cette table de plomb.

On a fait l'entrée & l'issuë du Pont de 6 toises de large qui est le double du milieu qui en a 3, sauf à augmenter cette largeur s'il est nécessaire : cet élargissement par les deux bouts ne facilite pas seulement l'entrée & l'issuë de ce Pont; mais lui donne aussi par sa figure beaucoup de force contre les grands vents, & contre l'ébranlement des voitures & des grands fardeaux qui passeront dessus.

Pour le construire on prétend s'y prendre de la maniére qui suit. On bâtira le ceintre le long du rivage en un endroit qu'on aura dressé à cet effet. Sur ce ceintre bien

Avant 1699. N°. 14. et 15.

couvert de dosses, on taillera & on assemblera le Pont; puis on ôtera le ceintre de dessous, & sur le Pont ainsi construit on fera passer tels fardeaux que l'on voudra pour l'essayer.

On battra ensuite des pieux dans la Riviére, & on posera un plancher d'ais dessus, & sur ce plancher on dressera le ceintre sur lequel on construira le Pont, après quoi on retirera le ceintre que l'on ira poser sur l'autre bras de la Riviére pour y construire l'autre Pont.

Pour ne pas arrêter la navigation durant le tems que le Pont se construira, on pourra laisser une ouverture de 5. à 6. toises de large, & de 4. à 5. de haut dans le ceintre, ce qui sera très-aisé de faire.

Les avantages de ce Pont sont qu'il n'incommodera point la navigation, qu'il ne s'y fera aucun naufrage, qu'il ne sera point endommagé par les glaces & par les grandes eaux, & qu'on pourra le rétablir sans que le passage en soit empêché. Il sera moins sujet à se pourrir, l'eau ne s'arrêtant point dessus, à cause de la pente qu'il a des deux côtés, laquelle ne se trouve point dans les Ponts de bois ordinaires.

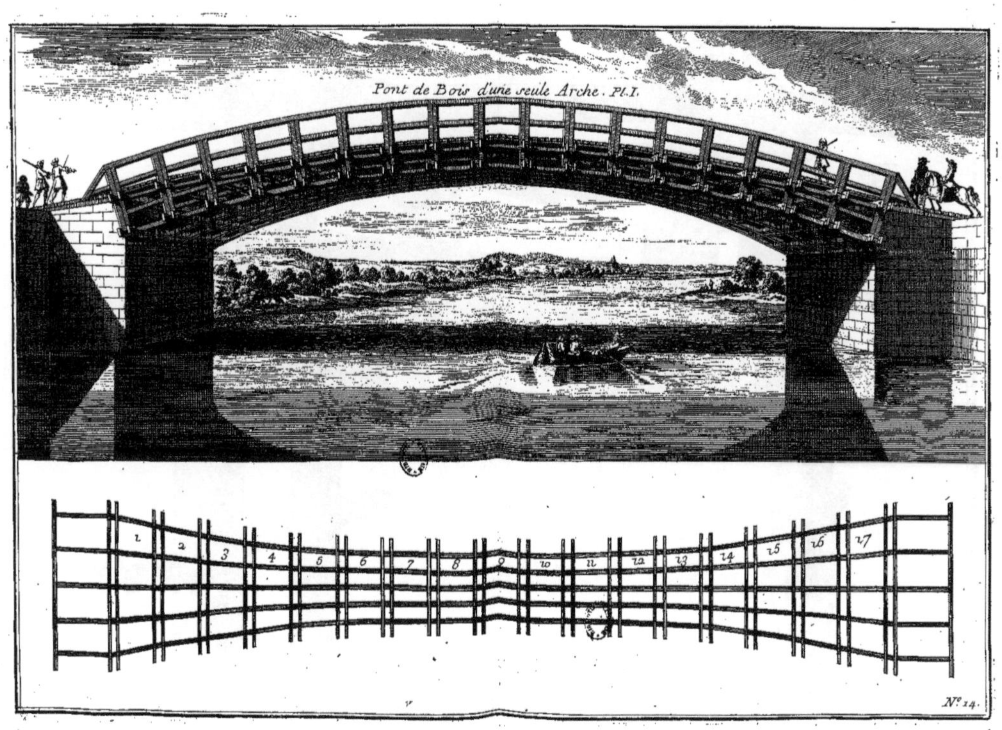
Pont de Bois d'une seule Arche. Pl. I.
1
2
3
4
5
6
7
8
9
10
11
12
13
14
15
16
17
N.º 14.

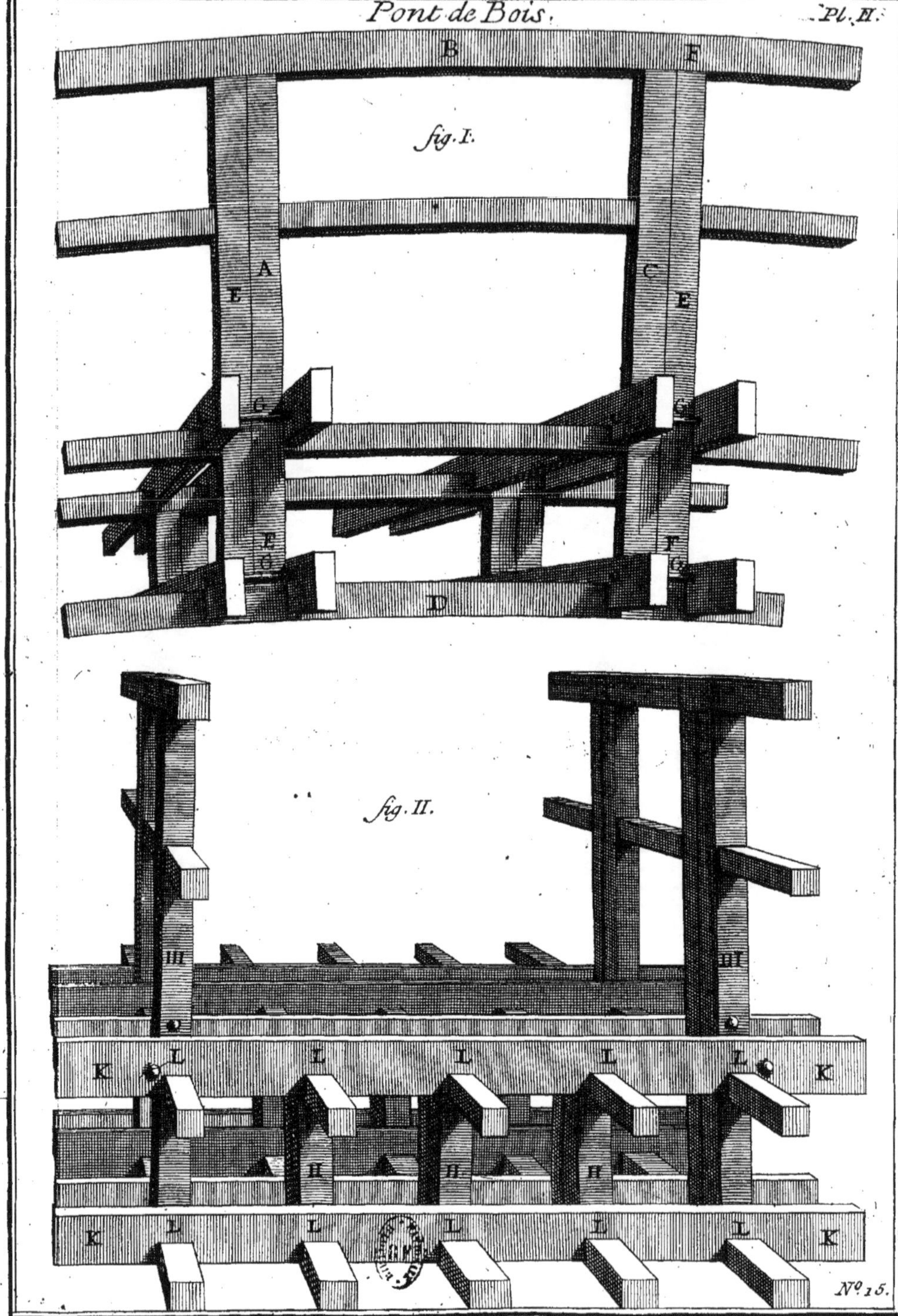
Pont de Bois.
Pl. II.
fig. I.
B
F
A
E
C
E
G
G
E
G
F
G
D
fig. II.
III
III
K
L
L
L
L
L
K
H
H
H
K
L
L
L
L
L
K
N.º 15.

MACHINE

POUR CONNOISTRE LA PENTE QUE L'EAU PREND DANS UN CANAL QUI EST A NIVEAU,

INVENTÉE

PAR M. PERRAULT,

DE L'ACADEMIE ROYALE DES SCIENCES.

Avant 1699. No. 16.

A B est un Canal de bois godronné de 10 toises de long sur un pouce & demi de large, & autant de profondeur; il retourne sur lui-même, de maniére que l'entrée A, & la sortie B sont proches l'une de l'autre, & à même niveau: il est fermé à l'entrée par une tringle de la même hauteur d'un pouce & demi: & à la sortie est une petite digue, haute seulement d'un pouce, qui tient par-tout le Canal plein de cette hauteur. A un pouce & demi de l'entrée de l'eau est une barre qui traverse le Canal au-dessus de la même hauteur d'un pouce, & qui laisse le Canal libre par le fond, pour empêcher que l'eau entrant dans le Canal ne bouillonne, & n'ait une agitation qui empêche de bien juger de sa hauteur. Afin que l'eau entre toûjours à même

Avant 1699. N°. 16.

quantité dans le Canal pendant tout le tems nécessaire aux expériences : elle y est jettée par un siphon qui perce une sebile, laquelle nage sur l'eau, que le siphon doit prendre & verser, ensorte que le siphon est toûjours dans un même état à l'égard de la surface de l'eau qu'il prend; & pour faire les diverses expériences dont on a besoin, le bout du siphon qui verse l'eau se peut élargir ou retrecir, suivant qu'il est nécessaire d'avoir plus ou moins d'eau.

L'eau du siphon F est reçuë dans un vaisseau G, qui communique par le tuyau H avec l'entrée A du Canal. C est un entonnoir par où l'on verse l'eau dans le sceau D, sans qu'il se fasse des balancements capables de faire varier la sebile E. Ces précautions servent à faire qu'il entre toûjours une même quantité d'eau à la fois dans le Canal pendant tout le tems des expériences. Pour avoir plus ou moins d'eau dans ces differentes expériences, on met au bout du siphon des ajutages de diverses grandeurs. Par exemple, dans celles que M. Perrault a faites lui-même, il en avoit un d'un pouce qui emplissoit une mesure connuë en douze secondes & demie ; un autre d'un demi pouce emplissoit la même mesure en 25 secondes.

Voici les expériences qui furent faites.

1°. Le Canal étant plein jusqu'au haut de la petite digue, c'est-à-dire, à la hauteur d'un pouce, lorsqu'on s'est servi du petit ajutage, l'eau a commencé de passer pardessus la digue après 1 minute 15 secondes; & lorsqu'on s'est servi du grand ajutage, elle a commencé de passer après 38 secondes.

2°. Ayant jetté de la sciûre de bois sur l'eau quand elle a été en train de couler, les premiers grains de cette sciûre ont été 5 minutes 50 secondes à passer d'un bout du Canal à l'autre lorsqu'on se servoit du petit ajutage; & lorsqu'on se servoit du grand, ils n'ont été que 3 minutes 30 secondes.

3°. On a laissé courir l'eau assez long-tems pour faire qu'elle

Avant 1699. N°. 16.

qu'elle s'élevât autant qu'il étoit possible sur la surface qui étoit à niveau depuis l'entrée du Canal jusqu'à la petite digue; & l'on a connu qu'elle étoit autant élevée qu'elle le pouvoit être, lorsque mesurant l'eau qui sortoit on la trouvoit égale à celle qui entroit : alors en se servant du grand ajutage, on a observé que l'eau étoit élevée à l'entrée du Canal de six lignes au-dessus de la surface à niveau, & qu'à la sortie elle étoit élevée au-dessus de cette même surface seulement de deux lignes; & lorsqu'on se servoit du petit ajutage, l'eau étoit haute de deux lignes à l'entiée, & d'une ligne seulement à la sortie.

D'où il suit que la premiére eau avoit besoin de 4 lignes de pente pour 10 toises, ce qui fait 2 pieds 9 pouces 4 lignes pour 1000 toises, & qu'une ligne de pente suffisoit à la seconde eau pour les mêmes 10 toises, ou 8 pouces 4 lignes pour mille toises.

Machine pour connoitre la pente que Leau prend dans un Canal qui est de Niveau

Dheulland Sculp.

EQUERRE AZIMUTALE,

INVENTÉE

PAR M. BUOT,

DE L'ACADEMIE ROYALE DES SCIENCES.

Avant 1699. N°. 17

A C eſt une régle de cuivre longue de deux pieds, large de deux pouces ſix lignes, & épaiſſe de deux lignes, ſur laquelle on applique les montans EF, & GH, qui ſont deux régles de cuivre bien dreſſées, & affermies par l'Equerre IK, & par les appuis MN.

L'Equerre I K eſt jointe & attachée au derriére des montans par 4 pitons & deux vis, dont les bouts ſont marqués 1, & 2, les têtes étant de l'autre côté; & à la régle par trois pitons qui ſont ſoudés à la queuë KL, & arrêtés par une forte vis dont la tête eſt marquée L.

Les appuis MN qui arcboutent contre les montans, tiennent à ces montans par deux fortes vis qui paſſent par derriére eux, & dont les bouts entrent dans l'épaiſſeur du bout des appuis marqués 3 & 4 : les autres bouts des appuis ſont ſoudés ſur les pieds O, P, leſquels ſont attachés à la régle AC par deux pitons qui entrent dans cette régle, & par deux vis 5 & 6.

R & X ſont deux couliſſes de même épaiſſeur que les montans, chacune deſquelles porte une fourchete ſoudée:

Avant 1699. N°. 17.

elles sont marquées ST, & W. Les bras de ces fourchetes sont faits pour soûtenir les bouletes destinées à donner les ombres Y & Z, sur la régle.

Chacune de ces coulisses se place par le derriére des montans, & se peut fixer de soi-même, ou par un ressort. On peut faire aussi aux coulisses les trous R & X contrepercés ou fraisés de l'autre côté d'une fort grande ouverture, afin que le bord de derriére n'empêche pas le passage du rayon du soleil qui doit tomber sur la régle.

Sur la régle AC on doit tirer quatre lignes paralleles entr'elles, & aux côtés de la régle, qui aboutissent aux extrémités des côtés des montans, & une cinquiéme qui marque le milieu d'entre ces paralleles, & par conséquent le milieu de l'ombre des boules.

USAGE POUR TROUVER LA LIGNE MERIDIENNE.

L'usage de cet Instrument consiste à trouver sur un plan horisontal la commune section de deux Azimuths qui soient également éloignés du méridien ; car si l'on coupe en deux l'angle compris par ces deux communes sections, on aura la section du méridien sur le même plan, que l'on appelle ordinairement la ligne méridienne.

Si l'on fait l'observation dans un tems où le soleil monte beaucoup sur l'horison, il est nécessaire de monter la coulisse bien haut, afin que l'ombre de la boule s'éloigne beaucoup des montans ; mais si le soleil est fort bas, il faut que la coulisse soit basse, de peur que l'ombre de la boule ne sorte hors la régle.

On pose la régle sur un plan horisontal, le derriére des montans tourné vers le soleil, de maniére que leur ombre tombe justement entre les lignes paralleles, & l'ombre de la boule sur la ligne du milieu en quelque point, comme Y, lequel doit être marqué exactement avec un crayon : & puis on tire une ligne sur le plan horisontal le long d'un des côtés de la régle, laquelle ligne sera la section de l'Azimuth. Cette observation doit être faite deux ou trois heures avant midi.

Avant 1699. N°. 17.

Après midi on expose l'Instrument vers le soleil, comme on a fait à la premiére observation, prenant garde quand l'ombre de la boule se rencontrera sur le point Y marqué à l'observation du matin, alors on tirera sur le plan horisontal une autre ligne le long du côté de la régle, & ce sera la commune section d'un Azimuth aussi éloigné du midi que celui de l'observation du matin.

Si on veut faire deux observations le matin, & autant après midi sur un même point d'ombre, il faut prendre le point Y avec la coulisse X, & demi-heure ou une heure après hausser ou baisser la coulisse R, jusqu'à ce que l'ombre de la boule tombe sur le même point Y: en tirant les lignes sur le plan horisontal on aura deux communes sections de deux differents Azimuths, lesquelles se rencontreront en quelque point.

Lorsque l'on prendra celle du soir, il faut avoir soin de poser toûjours le côté de la régle sur le point du concours des deux premiéres lignes, afin que les angles faits par ces quatre lignes ayent un même sommet.

Equerre Azimutale.

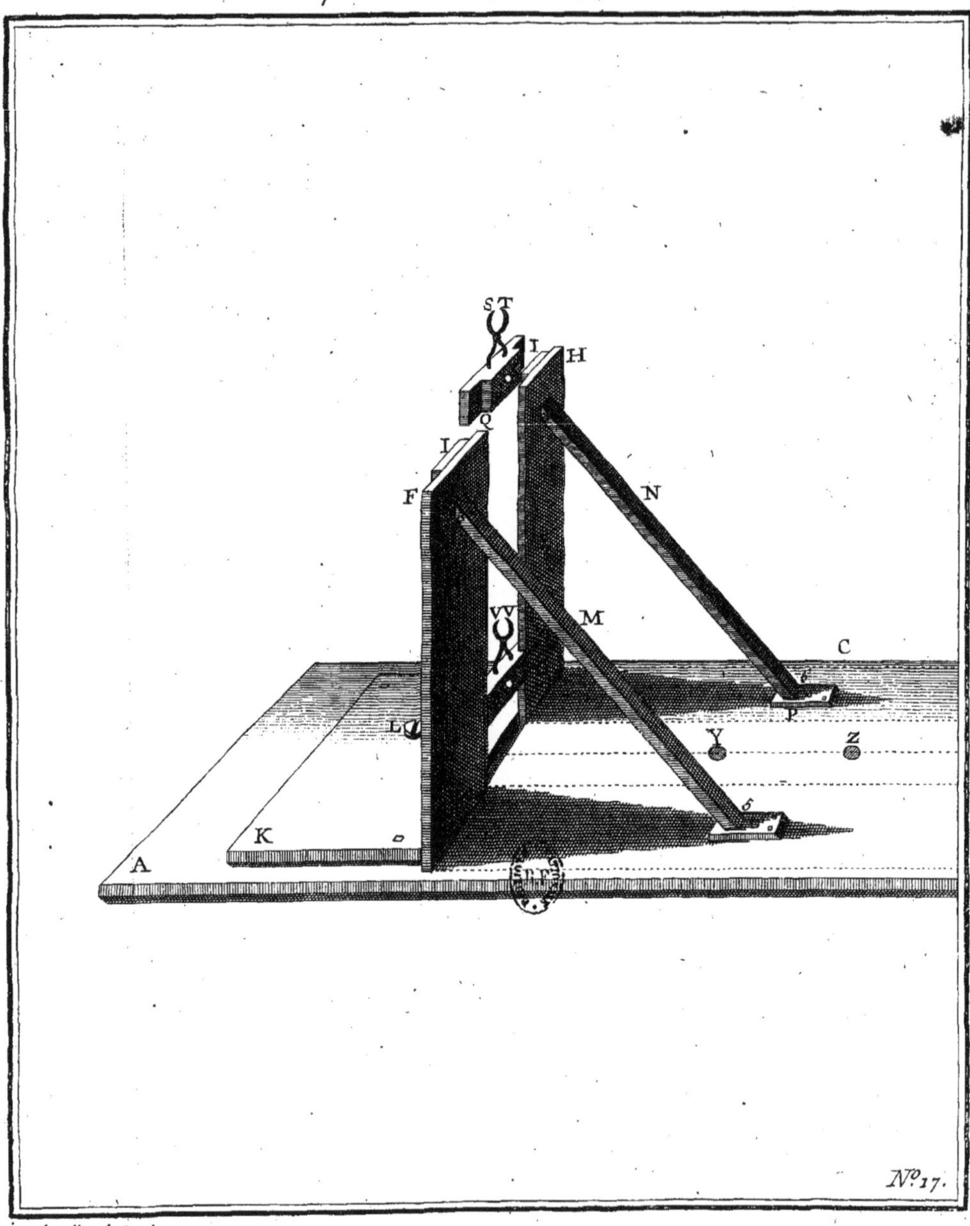

Dheulland Sculp.

MACHINE

POUR MESURER

LA FORCE MOUVANTE DE L'AIR,

INVENTÉE

PAR M. HUYGHENS,

DE L'ACADEMIE ROYALE DES SCIENCES.

Avant 1699. N°. 18.

AB est un Cylindre de fer blanc rempli d'eau jusqu'à environ les deux tiers.

CD est un second Cylindre qui peut entrer librement dans le premier, & sans le toucher.

EFG, HIK, sont deux tuyaux de fer blanc coudés en F & en I, & élevés par leurs extrémités EH au-dessus de la ligne d'eau. Les extrémités G, K de ces tuyaux sont soudées en G & en K au gros Cylindre de fer blanc duquel ils sortent; vis-à-vis de l'extrémité G du tuyau EFG on expose le bras M d'un moulinet MNOP : & à l'extrémité K du tuyau HIK on adapte le canon du soufflet R.

Pour connoître la force mouvante de l'air par cette Machine, on mettra le Cylindre CD, qui est ouvert par le bas, nager sur l'eau du Cylindre AB; & l'ayant chargé d'un poids connu S, on verra quel doit être le poids Q attaché à l'aîle P du moulinet, capable de faire équilibre

Avant 1699. No. 18.

avec la force de l'air contenu ſous le Cylindre CD, & que le poids S oblige à ſortir par l'ouverture G; & pour qu'il y ait toûjours une quantité d'air égale ſous le Cylindre CD; on en fournira de nouveau au moyen du ſoufflet R; & comme on peut changer à volonté les poids S, on connoîtra aiſément quel eſt la force mouvante de l'air chargé de differents poids.

On peut encore connoître la même choſe d'une autre maniére. On bouchera l'ouverture K, & ayant mis le Cylindre CD ſur l'eau, on verra combien de tems il mettra à ſe vuider entiérement d'air par l'ouverture G, étant chargé de poids S connus, & de differentes peſanteurs, & les ouvertures G étant variées ſuivant une proportion connuë auſſi.

MANIERE

Machine pour Mesurer la force Mouvante de l'Air.

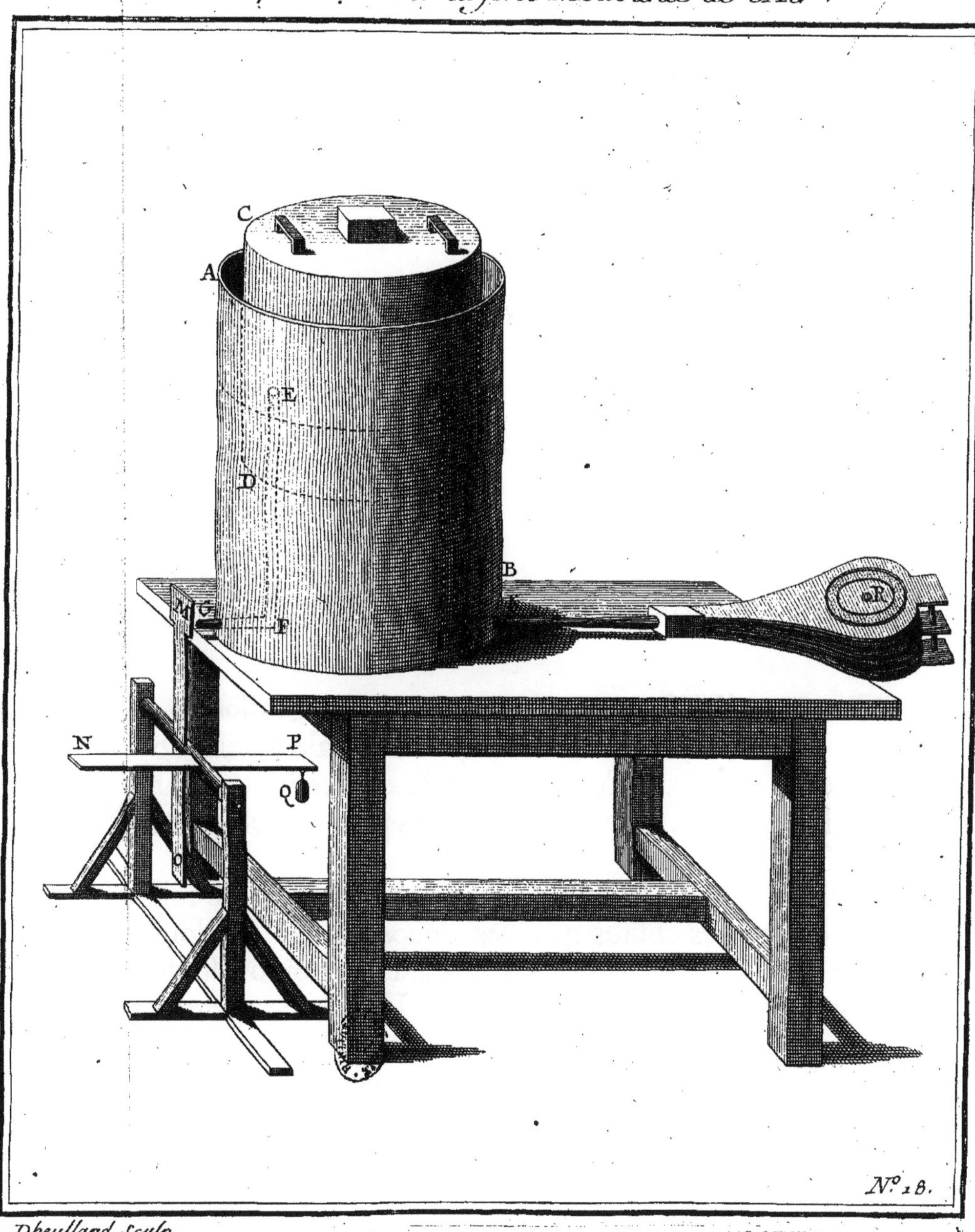

Dheulland Sculp.

MANIERE
D'EMPESCHER LES VAISSEAUX DE SE BRISER LORSQU'ILS ECHOUENT,
PROPOSÉE PAR M. HUYGHENS, DE L'ACADEMIE ROYALE DES SCIENCES.

Avant 169?. No. 19.

AB est un Vaisseau auquel on attache des grosses piéces de bois C, D, E, dont la largeur est égale à celle de la quille du Vaisseau. Ces piéces ne sont attachées que par un de leurs bouts, de maniére qu'elles peuvent obéïr & faire ressort.

Lorsqu'un Vaisseau échouë, il est plus souvent détruit par les differentes chûtes que les coups de mer lui font faire en le soulevant, & le laissant ensuite retomber sur le roc, que par l'échouage même. M. Huyghens prétend que ces ressorts pourroient en le soûtenant faire échapper au Vaisseau ces sortes de chocs; mais comme il n'arrive guere qu'un Vaisseau échoué demeure droit sur sa quille, & qu'au contraire il est souvent couché sur le côté, les

Avant 1699. N° 19.

ressorts en ce cas deviendroient absolument inutiles; de plus ces ressorts étant éloignés de la quille, plus ou moins selon la grosseur du Vaisseau, seroient capables de le faire toucher dans quelques endroits où il passeroit librement sans cela.

Moyen d'Empecher les Vaisseaux de se Briser lors qu'ils Echoüent

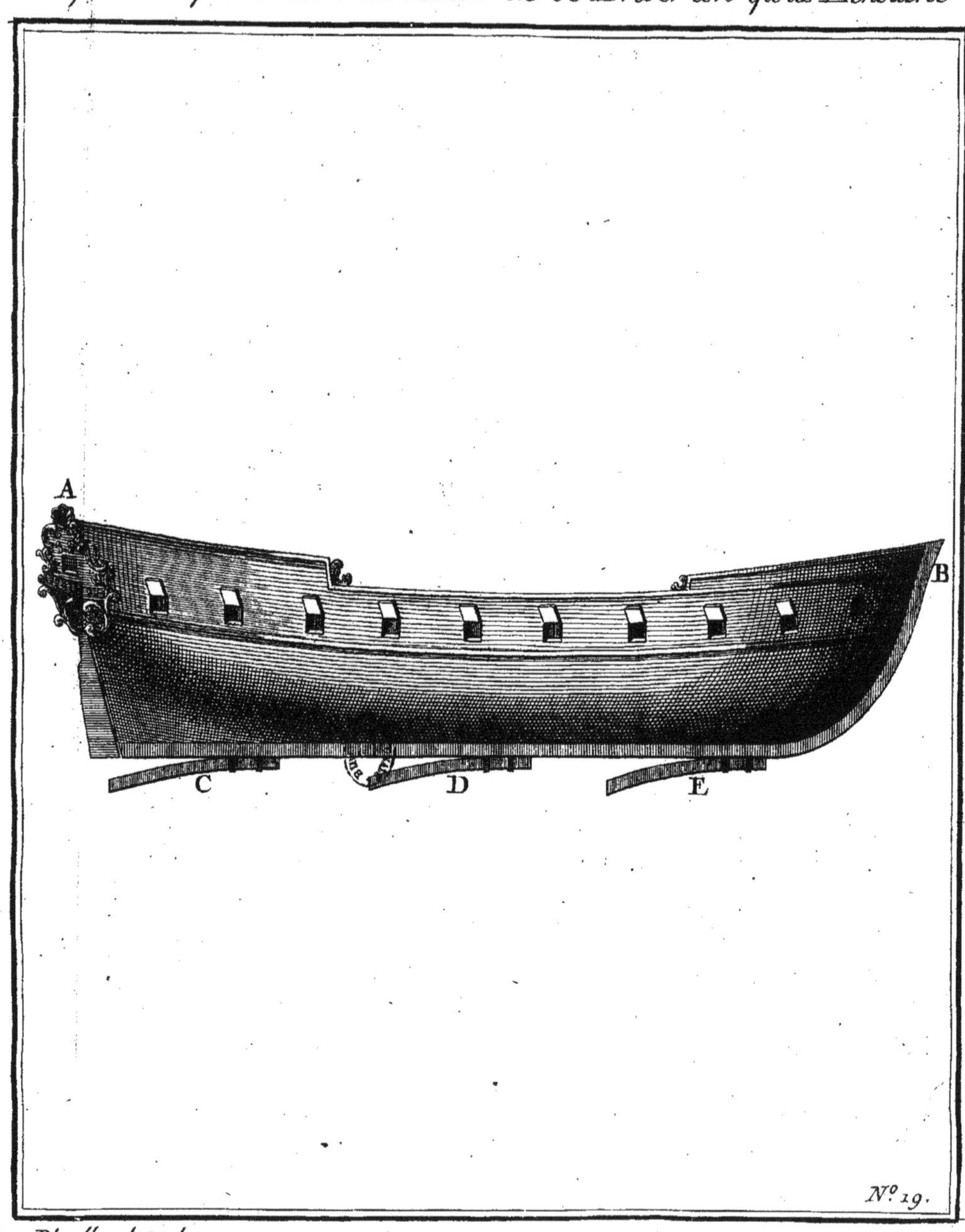

Dheulland Sculp.

INVENTION

POUR ELEVER LES EAUX,

PROPOSÉE

PAR M. JOLI DE DIJON.

Avant 1699. N°. 20. Fig. I.

CETTE Machine consiste en une poutre ABC mobile au point B, où elle est suspenduë par un fort boulon, de maniére qu'elle puisse prendre une situation verticale telle que *ac*. La partie BA qui est plus courte que la partie BC, porte à son extrémité A un coffre godronné, ensorte qu'il ne puisse laisser échapper l'eau qu'il a reçûe du reservoir E, que par les tuyaux F ou G qui y sont adaptés. Ce bout A de la poutre est encore chargé du contrepoids H qui fait équilibre avec l'excédent de la partie BC sur la partie BA, & même doit l'emporter de quelque chose. Le long de la poutre est couché le tuyau GI recourbé en I, qui lorsque le vaisseau D est plein, porte l'eau qui coule continuellement de la source E, dans le vaisseau K attaché au bout C de la poutre. Ce vaisseau K doit contenir assez d'eau pour qu'étant plein il entraîne la la poutre dans la situation verticale *a c*; pour lors le vaisseau D venu en *d* se dégorge dans le reservoir M garni d'un tuyau qui fait jouer le jet d'eau N, dont la décharge retourne par un conduit O à la source E. Pendant que le vais-

Avant 1699. N°. 20.

Fig. I.

ſeau D ſe vuide dans le reſervoir M, le vaiſſeau K venu en k perd auſſi ſon eau par un tuyau P deſtiné à la laiſſer couler. Les deux vaiſſeaux D, K, étant vuides, le contrepoids H que nous avons ſuppoſé capable de rompre l'équilibre, rappelle la poutre dans la ſituation horiſontale où la partie BA porte ſur un appui Q, & pour lors l'eau de la ſource recommençant à couler dans le vaiſſeau D, la Machine recommencera auſſi ſon jeu, qu'elle continuera tant que la ſource lui fournira de l'eau.

Fig. II.

On peut employer auſſi la même Mécanique pour élever de l'eau à telle hauteur que l'on voudra; pour cela on fixera le long du mur qui ſoûtient le reſervoir A d'autres petits reſervoirs B poſés ſur des conſoles. Au-deſſous de chaque reſervoir on placera ſur un boulon C un levier de fer CD; de ces leviers le plus haut & le plus bas ſont prolongés en E du double de leur longueur. Aux extrémités D, D, &c. ſont attachés des coffres godronnés qui ne peuvent laiſſer échapper l'eau qu'ils reçoivent que par les tuyaux F. Chaque petit reſervoir B a auſſi un canal en forme de goûtiére appuyé ſur le levier DC, & qui conduit ſon eau dans le coffre D correſpondant; les leviers D, C, que l'on peut appeller balanciers, ſont joints enſemble par une chaîne de fer DD, & de même les extrémités E E des balanciers.

L'extrémité E du balancier inférieur eſt chargé d'un coffre godronné G, qui doit contenir lui ſeul plus d'eau que les trois coffres DD. L'eau coulant de la ſource H dans le coffre D inférieur, emplit par le moyen du tuyau DE le coffre G; ce coffre étant plein entraîne par ſon poids les deux balanciers D E, & le levier DC dans une ſituation verticale : pour lors le coffre D 1, verſe ſon eau dans le reſervoir B 1; mais le coffre G s'étant vuidé pendant ce tems, le poids des trois coffres D rappelle la Machine dans la ſituation horiſontale, où elle recommence à recevoir l'eau de la source H: pendant ce tems le reservoir B 1 jette son eau par le moyen de la goûtiére CD dans le coffre D 2; ce coffre par un second mouvement la porte dans le reservoir B 3, d'où elle coule dans le coffre D 3, qui a un troisiéme mouvement, & la porte dans le reservoir A, où on la vouloit élever.

Avant 1699. N° 20.

Invention pour Elever les Eaux.

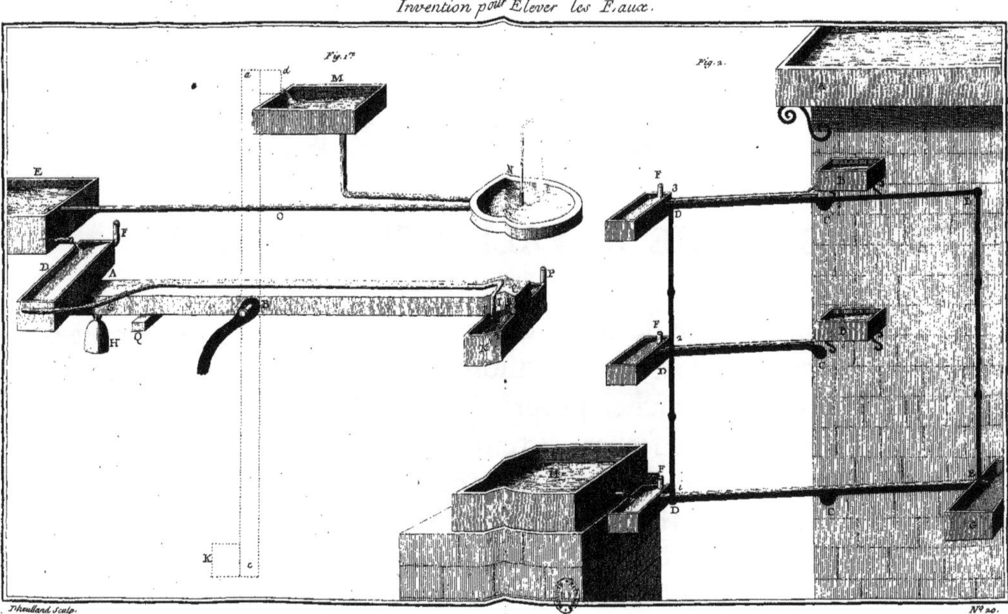

Theulland Sculp.

BALANCE DANOISE,

ET DE SA DIVISION

EN PROPORTION HARMONIQUE,

EXPLIQUÉE

PAR M. ROEMER,

DE L'ACADEMIE ROYALE DES SCIENCES.

Avant 1699. N°. 21.

AB eſt une verge de deux ou trois pieds de long, ſur laquelle ſont marquées des diviſions inégales; à ſon extrémité A eſt un crochet propre à ſuſpendre les choſes que l'on veut peſer. L'autre extrémité B ſe termine en une maſſe remplie de plomb, de telle ſorte que le centre de gravité de toute la Machine à vuide ſe trouve le plus près qu'il eſt poſſible de l'extrémité B, comme par exemple en C.

D eſt une corde attachée à un morceau de bois qui ſert de point d'appui à toute la Machine. Pour s'en ſervir on ſuſpendra en A le fardeau Z que l'on veut peſer: & l'on fera couler la corde D juſqu'à ce que le poids Z & la maſſe B ſoient en équilibre, pour lors la corde D montrera ſur les diviſions le nombre de livres que peſe le poids Z.

MANIERE DE DIVISER LA BALANCE.

Avant 1699. N°. 21.

Pour divifer cette Balance, foit AC la diftance entre le point A de fufpenfion, & le centre C de gravité de la Machine à vuide; du point C foit menée une ligne CD, faifant un angle quelconque avec AC; foit encore cette ligne divifée en parties égales C 5, 5 10, 10 15, &c. on menera du point A une ligne AE parallele à CD; & ayant pris fur cette ligne la partie AE, égale à la partie C 5 de la ligne CD, qui exprime le nombre de livres que pefe la Machine à vuide, comme dans cet exemple 5 livres, on menera du point E aux divifions 5, 10, 15, &c. de la ligne CD, des lignes E 5, E 10, E 15, &c. qui donneront fur la ligne AC les points L, M, N, O, &c, qui feront les divifions de la Balance.

PLANISPHERE

Balance Danoise et sa division Harmonique.

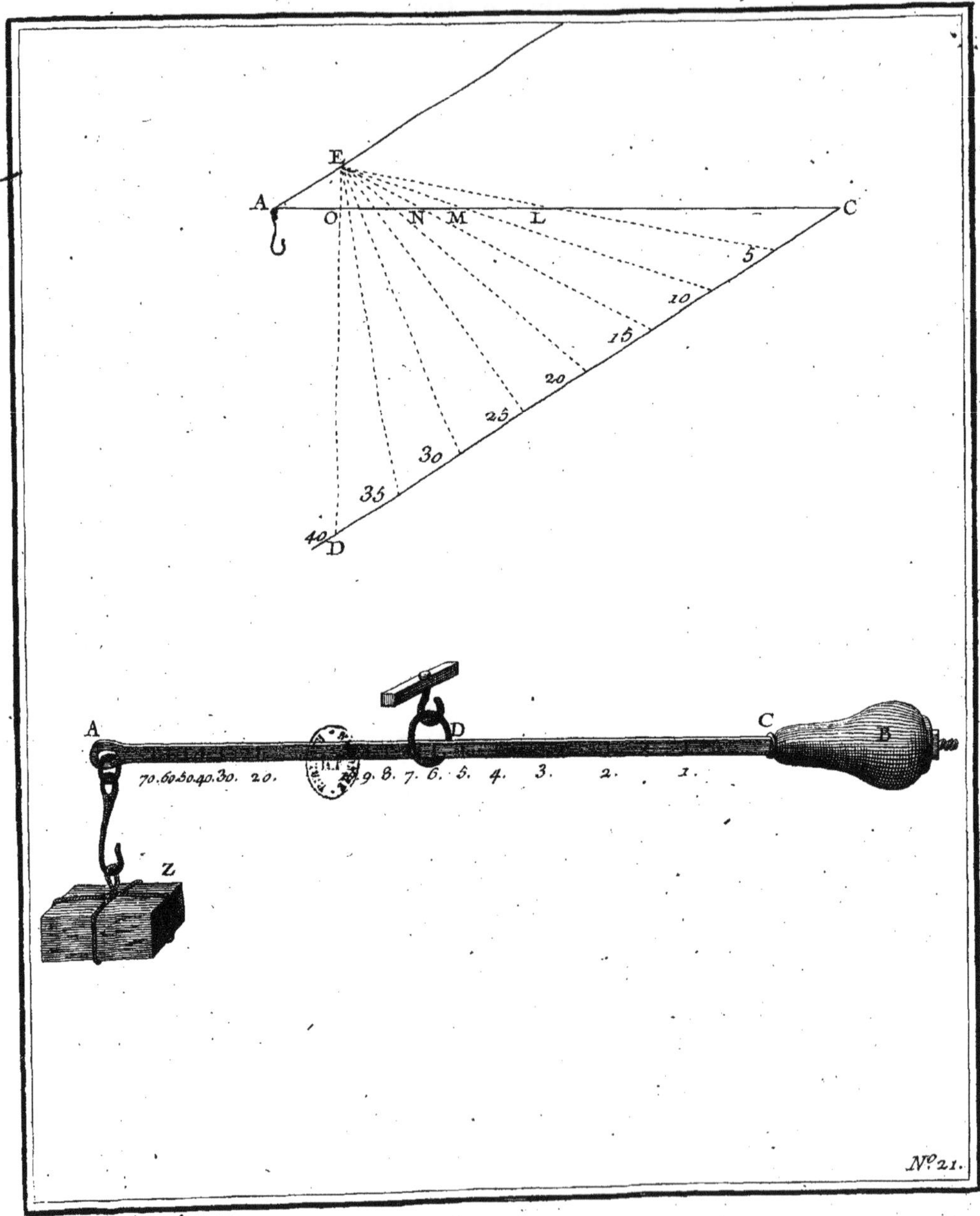

Dheulland Sculp.

PLANISPHERE POUR LES ETOILES, ET POUR LES PLANETES, INVENTÉ PAR M. ROEMER, DE L'ACADEMIE ROYALE DES SCIENCES.

CE Planiſphére eſt compoſé de plaques en octogone ABIL de 15 pouces & demi de diametre : elles ſont dos à dos éloignées l'une de l'autre de 3 pouces, afin d'y placer les mouvemens néceſſaires, comme on le voit par le profil ; ſur le premier côté AB on a repréſenté les heures CD qui ſont marquées par une Aiguille H portée par le cercle HG qui peut tourner avec les Planetes par le moyen de la clef qui eſt au centre.

Avant 1699. N°. 22. Fi. I. & II.

Sur l'autre côté on a repréſenté le ſyſtême des Planetes ſuivant Copernic, avec leurs excentricités & leurs nœuds, ſelon la table ſuivante dreſſée pour 1716.

Avant 1699. N°. 22.

Planetes.		*Longitude.*			*Aphélie.*			*Nœud ascendant.*		
		S	D	M	S	D	M	S	D	M
Saturne	♄	6.	7.	0.	8.	29.	37.	3.	22.	15.
Jupiter	♃	2.	21.	45.	7.	5.	27.	3.	10.	58.
Mars	♂	6.	5.	53.	5.	0.	53.		17.	37.
La Terre	♁	3.	10.	59.	9.	8.	23.	1.		
Venus	♀	5.	27.	1.	10.	7.	19.	2.	14.	6.
Mercure	☿	8.	12.	9.	8.	13.	30.	1.	15.	16.

Cette Table est dressée pour le Midi du premier Janvier 1716. & marque les lieux moyens : on voit par exemple que la moyenne Longitude de Saturne est au 7e degré de la ♎, que Jupiter est au 21^{d} 45^{m} des ♊, & que l'Aphélie de Saturne, ou son plus grand éloignement du Soleil est au 29^{d} 37^{m} du ♐, & son Nœud ascendant, qui est le point où son orbite coupe l'Ecliptique en passant de la partie Méridionale dans la Septentrionale au 22^{d} $15'$ ♋.

FIG. III. Entre les deux platines on place la cage RT, qui renferme 12 rouës ou pignons VX. Les rouës X sont toutes fixes à un arbre, qui doit faire un tour en un an ; ces six rouës ou pignons engrénent dans six autres V, où les plus grands nombres se trouvent poussés par les plus petits ; par exemple, la rouë de Saturne, qui a 147 dents est poussée par un pignon de 5. Jupiter dont la rouë est de 83. est poussée par un pignon de 7. & ainsi des autres. Toutes ces rouës sont montées sur les canons YY *yyy*, qui entrent les uns dans les autres. Celui de Saturne Y, auquel tient la tige de l'Astre 1. est plus gros & plus court que tous les autres. Ensuite est le canon de Jupiter 2, dont la rouë a 83 dents menée par un pignon de 7, ainsi des autres jusqu'à celui de Mercure, qui est le plus menu & le plus long de tous, puisqu'il traverse tous les autres. Tous ces canons doivent rouler facilement les uns dans les autres avec une grande justesse. Au-dedans de la Terre marquée P, on a attaché une rouë Z de 99 dents, qui mene un pignon W de 8. qui fait mouvoir la Lune autour de la Terre, & lui fait marquer les douze Lunaisons & $\frac{3}{8}$ par an. Entre le Planisphére des étoiles T & la cage VX sont deux rouës à peu près ovales; leur petit diametre est au grand comme 10 à 11. elles ont chacune 96 dents : une de ces rouës est goupillée à l'arbre de la rouë X. A la seconde rouë qui est au centre, est un pignon de 4 qui engréne dans une troisiéme rouë de 40. qui fait 10 années. Au centre de cette rouë est un autre pignon de 4 qui engréne dans une rouë de 80. cette derniére fait un tour en 200 ans. La premiére est divisée & chiffrée depuis un jusqu'à dix; cette derniére est chiffrée depuis 1700 jusqu'à 1900. qui sont deux siécles. A la rouë du centre il y a un quarré fait pour recevoir la clef qui sert à faire mouvoir toutes les Planetes, la Terre, la Lune, & les deux rouës qui marquent les années.

On n'a pu ici marquer toutes les constellations sur le Planisphere AB, à cause de son petit volume; mais en le supposant tracé, & supposant aussi le cercle horaire CD mobile, de même que l'horison GH, ayant placé ce cercle au dégré du signe où l'on est le jour de l'opération, & ayant mis l'Aiguille H sur l'heure qu'il est, l'horison fait connoître les Etoiles qui sont pour lors visibles.

Si on vouloit sçavoir en combien de tems Saturne fait sa révolution dans ce Planisphére, divisez 147. qui est le nombre des dents de sa rouë par 5. qui est son pignon, viendra 29 ans 146 jours. Faisant la même chose pour Jupiter, viendra 11 ans 313 jours. Pour Mars 1 an 321 jours 9 heures 36 minutes. Pour la Terre un an. Pour Venus 224 jours 7 heures 28 minutes. Et enfin pour Mercure il viendra 87 jours 22 heures 13 minutes.

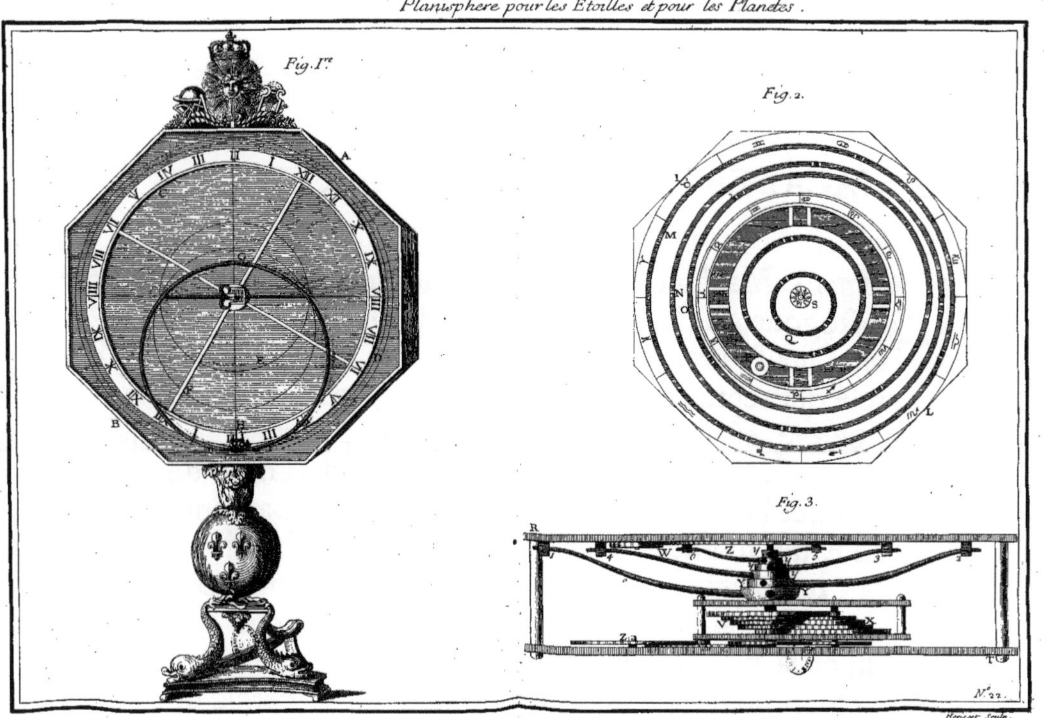
Planisphere pour les Etoilles et pour les Planetes.
Fig. Ire
Fig. 2.
Fig. 3.
N°. 22.
Horisset Sculp.

PLANISPHERE

POUR LES ECLIPSES,

INVENTÉ

PAR M. ROEMER,

DE L'ACADEMIE ROYALE DES SCIENCES.

Avant 1699. N°. 23. FIG. I. II.

CETTE Machine est composée de deux platines en octogone, de 16 pouces 9 lignes de diametre posées l'une sur l'autre. Sur le premier côté AB est tracé un cercle qui représente l'Ecliptique. A la partie supérieure de ce cercle est la Terre C, sur laquelle paroissent les Eclipses de Soleil. A la partie inférieure D est l'image de la Lune, qui indique les Eclipses de cet Astre. La petite branche E qui tourne avec la platine Z, à laquelle elle est adaptée, représente l'orbite de la Lune ; & comme cette petite branche s'alonge & se racourcit à mesure que l'on fait tourner la platine, l'endroit où l'extrémité du petit cercle qui est au bout de cette branche passe sur le cercle de l'Ecliptique, représente les Nœuds de la Lune.

Les deux petits cercles C, D peuvent encore représenter la nouvelle & la pleine Lune, ce qui revient au même en mettant le haut pour l'image du Soleil, & le bas pour celui de la Lune.

L'autre côté est percé de deux ouvertures IL ; dans la

Avant 1699. N°. 23.

premiére I paroît l'année qu'une Eclipse doit arriver. L'Aiguille H indique le mois sur le grand cercle des mois; & l'ouverture L le quantiéme de ce mois.

Cette Machine que l'on fait tourner par le moyen de la clef M, est composée intérieurement d'un espéce de croissant V mobile sur son centre, qui est engagé dans un tenon fixé à la platine mobile NO, & dans lequel il peut glisser. Sa queuë X appuye sur le bord de l'excentrique Y, & il est est toûjours rappellé vers le tenon par le moyen d'un ressort spiral fixé à son centre: ils sont posés l'un & l'autre un peu de biais, & marquent l'Apogée & le Perigé de la Lune, & par-là ce croissant fait un espéce d'équation qui produit un mouvement plus vîte dans le Perigée que dans l'Apogée; c'est ce croissant qui fait mouvoir toute la Machine: il est fixé au canon 12. qui porte une rouë de 19 dents, qui font autant d'années; ce canon étant le plus menu passe au milieu de celui de l'Apogée, & le canon 13. qui est celui des Nœuds, est le plus gros de tous. Il porte une rouë excentrique ST, contre laquelle s'appuye l'extrémité S du levier SRQ mobile au point R; l'autre extrémité Q fait racourcir & alonger la petite branche QPN, qui marque les Eclipses, à mesure que le levier ou clavete R se trouve en glissant sur la rouë excentrique, tantôt dans l'endroit le plus large, tantôt dans l'endroit le plus étroit. La moyenne largeur de cette rouë est le nœud où arrivent les Eclipses tant de Soleil que de Lune. Voici quels sont les nombres des dents de chaque rouë ou pignon.

Les rouës ou pignons de cette Machine sont au nombre de 14. elles sont rangées comme on le voit dans la Figure dans l'ordre suivant.

Avant 1699. N°. 23.

Rouë de l'Apogée .	93.	20.	98.	
Rouë des Nœuds .	115.	20.	102.	
Les Années . . .	19.		235.	Les Lunaisons.

Deux Siécles	80.	4.	90.	90.
		60.	6.	

Les rouës & pignons marqués *3*, *5* sont celles de l'Apogée. Les rouës 4, *6* sont celles des Nœuds. Et les rouës *9*, 10, 8, 7, sont celles des Années, des Lunaisons, & des Siécles.

La rouë qui a 19 dents engréne dans celle qui en a 235. & les autres rouës qui sont dans la même colomne sont fixes à un même arbre; sçavoir celle qui a 102 dents pour les Nœuds; & celle qui en a *98* pour l'Apogée. Celle qui est marquée *9* posée au-dessous de la cage est goupillée à *90* dents; c'est elle qui donne le mouvement à l'Aiguille, & fait voir le mois & le *jour* qu'arrive une Eclipse. Au centre de cette rouë est un pignon de *6* qui engréne dans une rouë de *60*. qui font 10 années. Au centre de cette rouë de *60*. est un pignon de 4. qui pousse une rouë de 80. cette derniére rouë fait 2 Siécles. Les nombres suivant produisent les mêmes effets avec moins de dents, ce qui donne la liberté de les faire plus forts.

L'Apogée	93.		49.	
Rouës des Nœuds. .	115.		51.	
		12.	47.	Les Lunaisons.
Les Années . . .	19.	30.		

Deux Siécles	80.	4.	80.	20.	40.
		60.	6.		

Avant 1699. N°. 23.

Dans cette table il y a 326 dents de moins que dans la premiére, ce qui fait que l'on peut diminuer de beaucoup la grandeur des rouës, & donner plus de force aux dents.

ABGF fait voir les deux platines aſſemblées avec leurs piliers.

CONSTRUCTION

Planisphere pour les Eclipses.

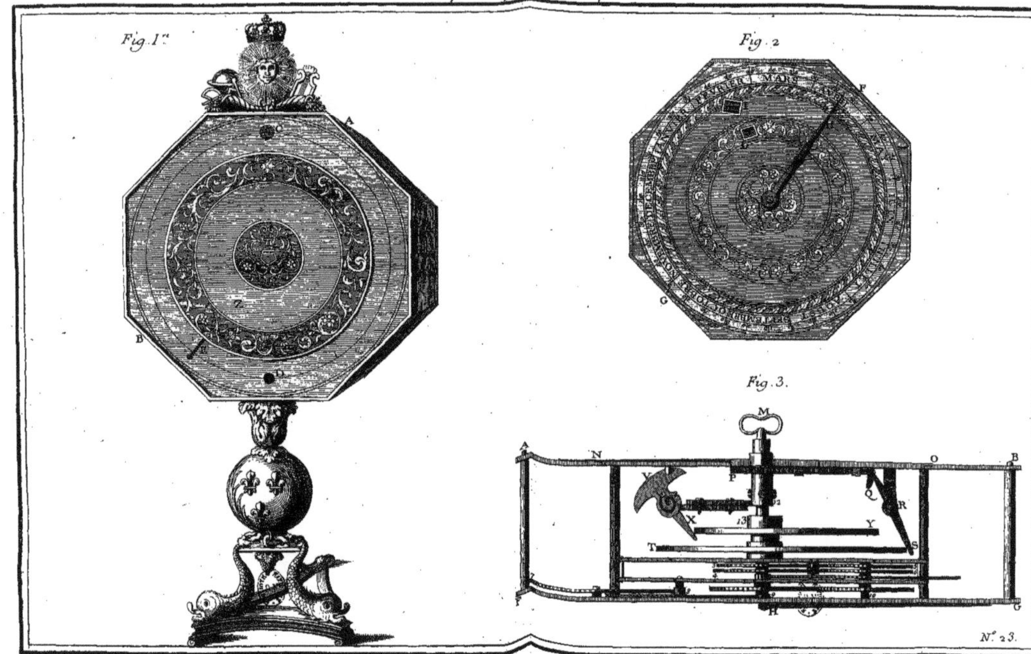

CONSTRUCTION DE ROUE PROPRE A EXPRIMER PAR SON MOUVEMENT L'INEGALITÉ DES REVOLUTIONS DES PLANETES,

INVENTÉE

PAR M. ROEMER,

DE L'ACADEMIE ROYALE DES SCIENCES.

SI l'on veut faire mouvoir par le moyen d'un pignon de 6 aîles une roüe de 24 dents, de maniére que dans certaines parties de sa révolution elle se meuve aussi vîte que si elle n'avoit que 12 dents, & que dans d'autres parties elle se meuve aussi lentement que si elle en avoit 48.

Avant 1699. N°. 24.

1°. On formera le parallelograme rectangle LMNO, dont le côté NO sera égal au diametre de la grande roüe & du pignon pris ensemble, & la largeur LN égale à leur épaisseur, qui doit être d'autant plus grande que l'inégalité de mouvement sera plus considérable.

Avant 1699. N°. 24.

On coupera NO en Q, de maniére que QO soit à QN, comme 6 est à 48. c'est-à-dire, reciproquement comme la vîtesse du pignon est à la plus grande vîtesse de la rouë.

On coupera de même LM en P, en raison de 6 à 12. ou reciproquement, comme la vîtesse du pignon est à la plus petite vîtesse de la rouë. On menera ensuite PQ, & autant de paralleles SR à LM, qu'il y a de dents dans la grande rouë, sur lesquelles on marquera les degrés de vîtesses qu'elles expriment, & qui sont en raison renversée de leurs longueurs.

2°. On fera sur le tour deux cones tronqués, l'un égal à celui qui se forme de la révolution du trapéze LPQM autour de son axe LN, & l'autre égal à celui qui est formé par la révolution du trapéze PQMO autour de l'axe MO.

On marquera sur le plus grand de ces cones les cercles engendrés par la révolution des points P, T, Q, & on les marquera des mêmes chiffres que les paralleles correspondantes des parallelogrammes LO.

On marquera sur les deux bases du cone, des lignes qui fassent autour du centre C des angles en même raison que les differentes vîtesses de la rouë, telles qu'elles sont exprimées dans la premiére Figure, & on taillera suivant ces lignes des dents sur la surface du cone; après quoi on cherchera sur les cercles qui expriment les differentes vîtesses, & que l'on a tracés sur la même surface, la partie de chaque dent qui doit rester, qui doit être vis-à-vis le rayon correspondant, marqué sur l'une des deux bases. (Nous les avons marqués en noir dans cette Figure,) & on emportera tout le reste, ne laissant que ce qui sera marqué; ce qui formera une espéce d'Ellipse.

A l'égard du pignon on le fera reguliérement conique, comme il est marqué en MO dans la Figure.

Par ce moyen les dents les plus larges se trouveront toûjours vers la partie la plus large du pignon : & les plus étroites dans la plus étroite ; & ainsi le pignon allant toûjours uniformément, la rouë ira inégalement dans la raison demandée. Ce qui étoit proposé.

Avant 1699. N°. 24.

Construction de Roue propre a Exprimer par son mouvement l'Inegalité des Révolutions des planettes.

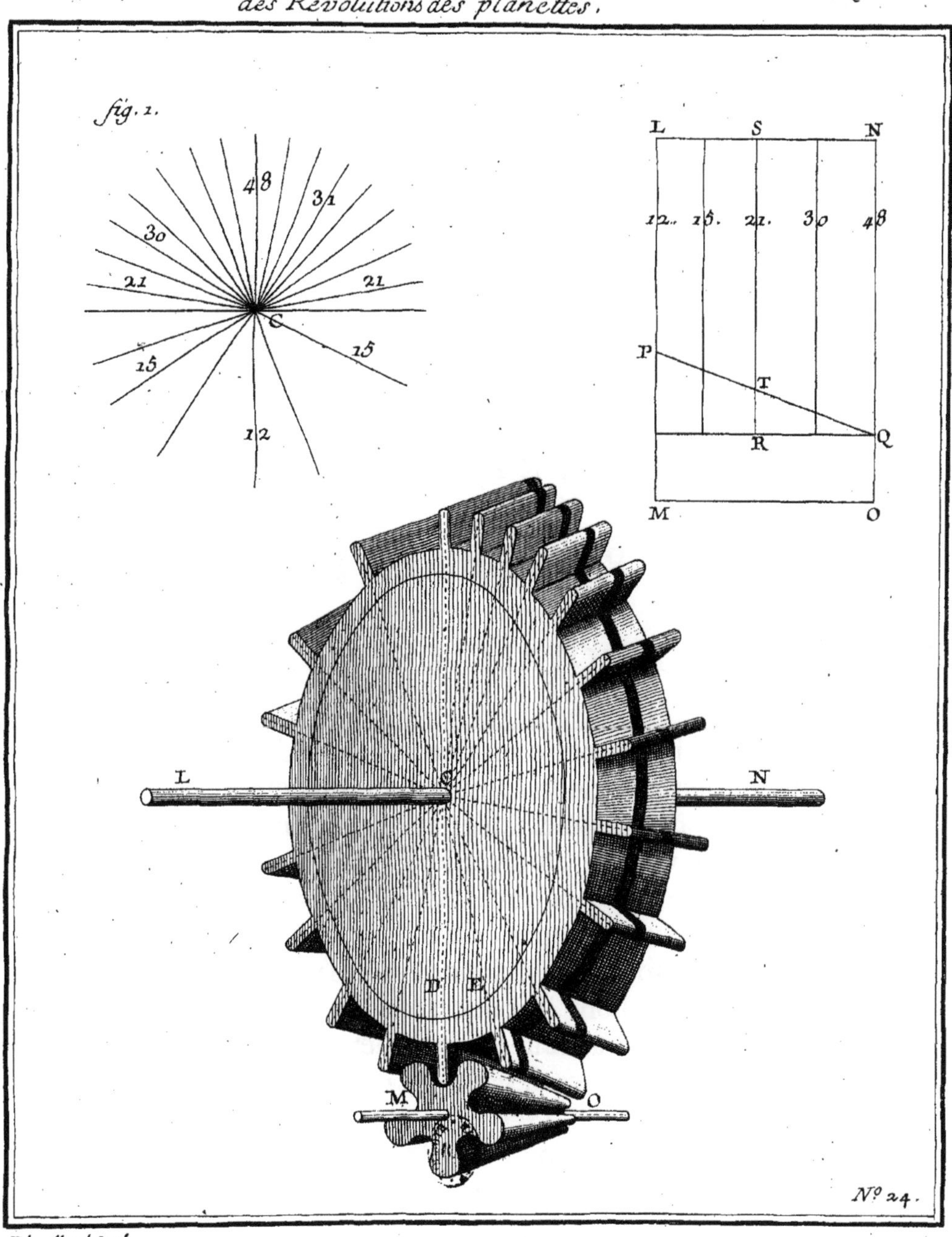

Dheulland Sculp.

MACHINE

POUR DIRIGER

UN TUYAU DE LUNETE

DE CENT PIEDS,

INVENTÉE

PAR LE P. SEBASTIEN,

DE L'ACADEMIE ROYALE DES SCIENCES.

Avant 1699. N°. 25.

CETTE Machine consiste en une vergue AB de la longueur à peu près de la Lunete; elle est composée de plusieurs piéces de bois assemblées avec des liens de fer. Au milieu de cette vergue est un étrier D dans lequel elle est suspenduë, ainsi qu'une balance. Cette même vergue est percée de plusieurs chappes, dans lesquelles sont les poulies EEE, &c. espacées à distance égale l'une de l'autre; sur ces poulies, qui ont six pouces de diametre, passent des cordes FF, &c. attachées à la Lunete, & qui sont éloignées également les unes des autres; ce sont ces cordes qui tiennent la Lunete GH suspenduë; leurs bouts viennent se terminer à l'extrémité G, & se roulent tous sur une cheville fixée en quelque endroit de la vergue, qui

Avant 1699. N°. 25.

soit à la portée de la main de l'observateur qui sera vers G. Par-là si la Lunete venoit à se fausser, ou à se voiler en quelque endroit de sa longueur, en tirant plus ou moins sur les cordes qui se trouveroient aux environs de ce point, on la redresseroit; & en quelque inclinaison que la Lunete soit posée, elle se tiendra toûjours droite si l'on a soin de tirer assez les differentes cordes, & de les bien arrêter sur la cheville destinée à cet usage, ensorte qu'aucune ne puisse couler. Peut-être que si chaque corde avoit sa cheville particuliére, l'usage en seroit plus prompt, & le remede plus aisé à apporter en cas d'accidens.

On suspend cette Lunete à l'ordinaire par une corde I qui tient à la chappe D, & qui passe sur une poulie portée par un mâts.

Machine pour diriger une Lunette de cent pieds.

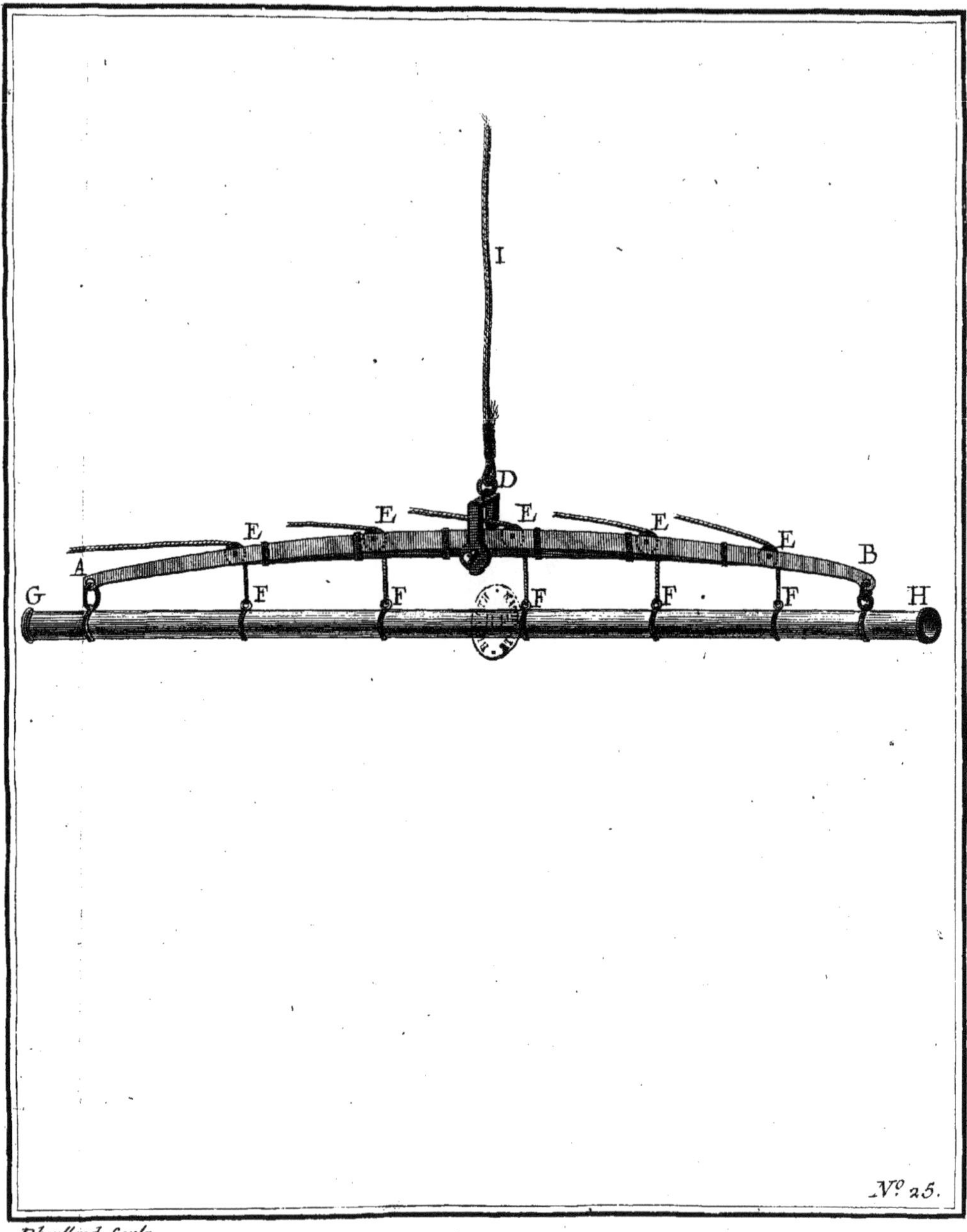

Dheulland Sculp.

PENDULE HYDRAULIQUE POUR PUISER LES EAUX,

INVENTÉE PAR M. CUSSET,

DE L'ACADEMIE ROYALE DES SCIENCES.

Avant 1699. N°. 26.

CETTE Machine consiste en un poids A suspendu par deux tringles de bois enclávées à une barre de fer mobile sur ses tourillons BB, qui par ses vibrations balance deux grands leviers ou rayons perpendiculaires l'un à l'autre, formant deux quarts de cercle, mobiles sur un axe qui leur est commun. A un des côtés du quart de cercle sont deux tringles mobiles à leurs suspensions EE, à l'extrémité desquelles est suspenduë en bascule une cuvette *f* ouverte par en-haut, & ayant par en-bas une grande soupape ou bascule qui s'ouvre lorsque la cuvette entre dans l'eau, & qui se ferme lorsqu'elle en sort; cette cuvette se décharge par le moyen d'un corde attachée à son ouverture supérieure qui lui fait faire la bascule, & verser

Avant 1699. N°. 26.

son eau; ce qui arrive lorsque par son balancement elle se trouve près de l'axe *g*. Il faut que le poids soit douze fois plus pesant que la quantité d'eau que l'on veut enlever. Cette proportion est déterminée par les expériences que M. Cusset dit avoir faites. Les extrémités du quart de cercle étant attachées aux pendules, l'on conçoit la façon dont se font les vibrations du quart de cercle. Le pendule qui est du côté de ceux qui font le service de la Machine, est pour tirer à vuide la cuvette, en la faisant replonger. Si les pendules ont pour longueur le double du rayon du quart de cercle, on aura une grande facilité à le faire mouvoir, ne faisant faire que 30 degrés de part & d'autre aux pendules.

Il est aisé de sçavoir ce que peut fournir par jour cette Machine. La supputation est fondée sur les vibrations du pendule, & sur ce qu'à chaque retour du pendule la cuve supposée d'un demi muid se vuide. On sçait que les tems des vibrations des Pendules de differentes longueurs sont en raison doublée des longueurs de ces Pendules, c'est-à-dire, que les longueurs des pendules sont entr'elles en même raison que les quarrés des tems de leurs vibrations: ainsi sçachant qu'un pendule de trois pieds 8 lignes ½ fait ses vibrations en une seconde, un Pendule de 12 pieds 4 pouces fera ses vibrations en 2″ (supposé que les surfaces des Pendules soient entr'elles comme les poids;) & un de 27 pieds 9 pouces en 3″. Donc le Pendule de la Machine que l'on suppose d'environ 20 pieds, fera ses vibrations en moins de 3″. Mais en leur supposant ce tems à cause de la résistance de l'air, l'aller & le venir, c'est-à-dire, chaque retour sera donc de 6″, par conséquent la Machine fournira un demi muid par six secondes, ce qui fait dix demi muids par minute, 600 demi muids par heure, & 14400 par jour.

L'on pourra tirer beaucoup d'utilité de cette Invention, sur

ſur-tout dans des épuiſements, lorſque les environs pourront permettre par leur étenduë, & par leur égalité de conſtruire cette Machine, & d'en faire le ſervice. Avant 1699. N°. 26.

H eſt la coupe verticale de la cuve *f*, au fond de laquelle l'on voit diſtinctement la ſoupape I marquée par cette lettre dans les deux Figures.

Pendule Hydraulique pour puiser les Eaux.

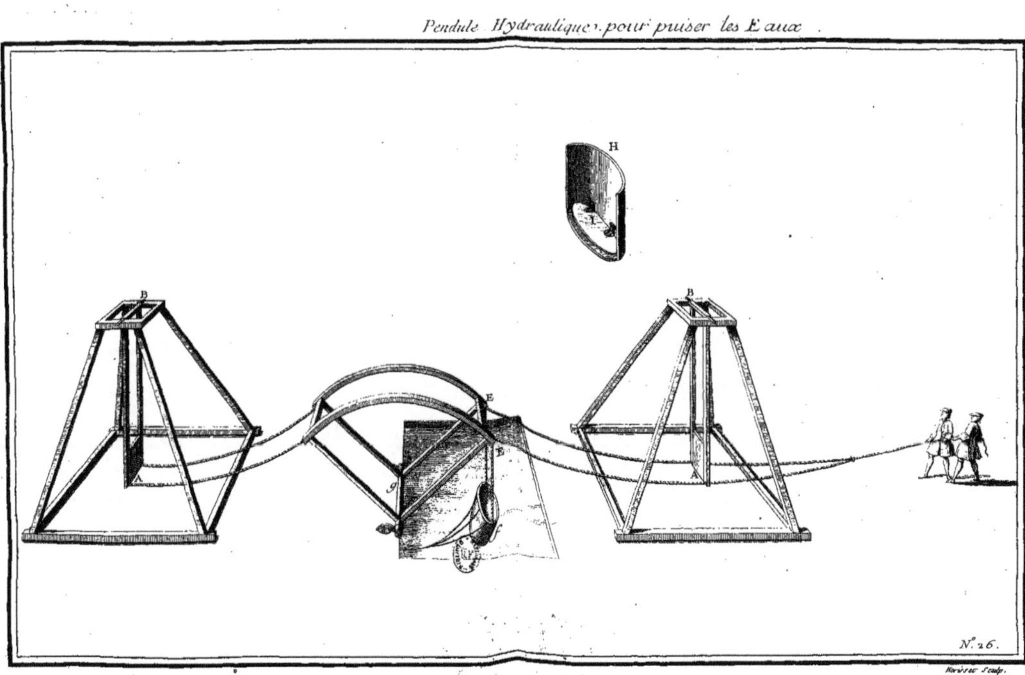

BINARD

POUR TRANSPORTER DE FORT GROS FARDEAUX,

INVENTÉ PAR M. CUSSET, DE L'ACADEMIE ROYALE DES SCIENCES.

Avant 1699. N°. 27.

LEs leviers AB sont appliqués à l'essieu des rouës B garnies de plusieurs boulons de fer en forme de chevilles ou de fuseaux de lanterne, éloignés de six pouces des bords de la rouë. C'est entre ces boulons que l'on engage les leviers par l'abattage desquels l'on fait tourner les rouës, & marcher le Binard. Ces rouës sont pleines, faites d'assemblage; on leur peut donner l'épaisseur que l'on veut, comme de six pouces, & même un pied, suivant la pesanteur des fardeaux, & la grandeur du Binard. Ces rouës étant garnies de fer seront d'une grande force, & ne se rompront que difficilement. Les piéces de bois GG sous lesquelles les rouës de devant passent, lorsque l'on détourne le Binard, doivent poser sur un rouleau, & doivent être arrêtées au support desdites piéces, ce qui donnera une grande facilité à détourner. Pour faire marcher le Binard, ceux qui sont aux rouës de devant abatteront pendant que ceux qui ſont aux rouës de derriére releveront; ainſi qu'il ſe voit par les leviers du profil.

Avant 1699. N°. 27. Ce Binard différe de ceux qui ſont en uſage, en ce que les rouës de ceux-ci ſont faites en lanterne, ce qui oblige ceux qui en font le ſervice de dégager & de remettre leurs leviers entre les fuſeaux deſdites lanternes pour les faire tourner : cela cauſe beaucoup de fatigue, & fait perdre du tems. Dans celui-ci les leviers étant toûjours fixés au centre de la rouë, on ne fait que les appliquer ſucceſſivement ſur les chevilles.

Binard pour transporter de fort gros Fardeaux.

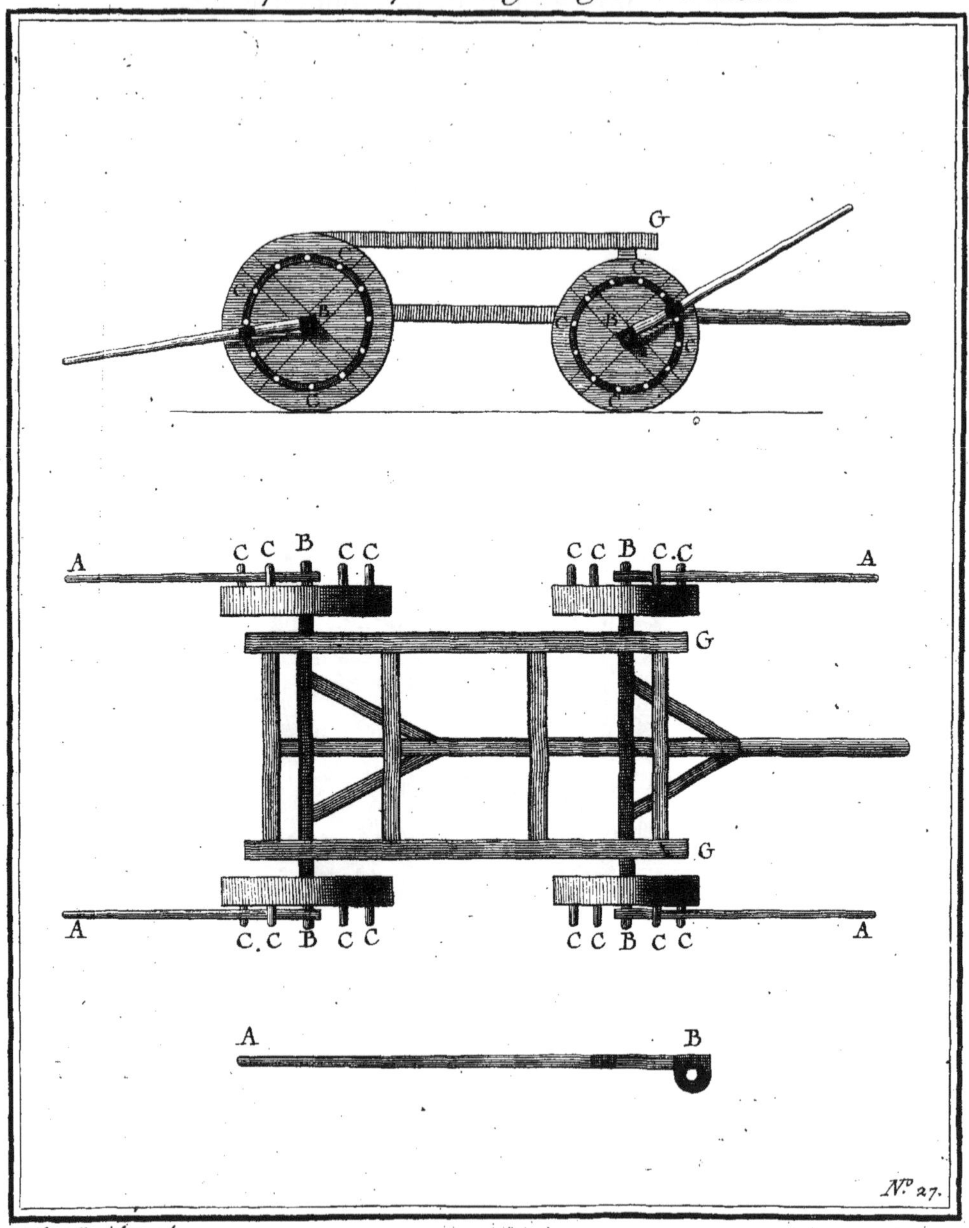

N.° 27.

Dheullard Sculp.

MONOCHORDE

INVENTÉ

PAR M. CARRÉ,

DE L'ACADEMIE ROYALE DES SCIENCES.

Avant 1699. N°. 28.

CETTE Machine est composée de quatre sautereaux posés à plat, & attachés sur les quatre planches ABCD, qui sont elles-mêmes fixées dans le fond de la boëte. Chaque planche A porte un ressort G, qui entre dans une ouverture faite à la partie inférieure du sautereau; l'autre extrémité est tirée par un cordon qui passe sur une poulie, & qui est ensuite dirigé à la poulie I fixée devant une ouverture L pratiquée au long côté de la boëte devant ces mêmes poulies. La poulie M sert à diriger un second cordon pour prendre le second sautereau B; il en est de même pour le troisiéme, & pour le quatriéme. Ces sautereaux ont chacun leurs cordes, qui sont attachées aux extrémités de la boëte, & posées devant des coulisses, telles que NPO; la partie P est mobile sur la piéce NO qui est fixe. La piéce P porte une équerre Q assujétie par une vis, derriére laquelle est un ressort qui pousse l'équerre par son extrémité R, & lui fait pincer la corde, étant appuyée derriére par un petit support de bois. Il n'y a cependant que trois coulisses, parce que celle du milieu sert à deux sautereaux; sur chacune des coulisses sont les divisions des notes de l'octave entiere. Dans les intervales que les coulisses

Avant 1699. N°. 28.

laiſſent entr'elles, on a pratiqué d'autres ſupports ST qui portent des alidades qui débordent deſſus les diviſions. Lorſque l'on voudra accorder un Inſtrument quelconque, l'on fera marcher la couliſſe juſqu'à ce que la note demandée ſoit à une des alidades : car il eſt indifferent de quelle corde on ſe ſerve ; enſuite on tirera ſur le cordon qui répond au ſautereau, qui pincera la corde en donnant la note que l'on veut ; après quoi ce ſautereau ſera retiré en arriére par le reſſort qui y eſt adapté.

Ce Monochorde a donné lieu à la découverte de pluſieurs autres; on en a fait depuis ſur le même principe à une corde ſeule, au lieu de quatre, ce qui peut ſuffire pour accorder toutes ſortes d'Inſtruments, en prenant les notes les unes après les autres. Dans celui-ci le nombre des cordes étant multiplié, l'on pourra avoir quatre notes à la fois, & par-là on aura lieu de faire de petits accords. C'étoit le but que M. Carré ſe propoſoit en l'imaginant, ſur quoi il a fait quantité d'Expériences dont pluſieurs ſont rapportées dans les Mémoires de l'Académie.

On en verra dans la ſuite de differentes eſpéces, & qui ſont à préſent d'un grand uſage parmi les Facteurs d'Orgues & de Clavecin. Celui-ci fut exécuté avec ſoin, & fut dépoſé à l'Obſervatoire dans le Cabinet des Machines, où il eſt actuellement.

Monocorde pour accorder toutes sortes d'Instruments.

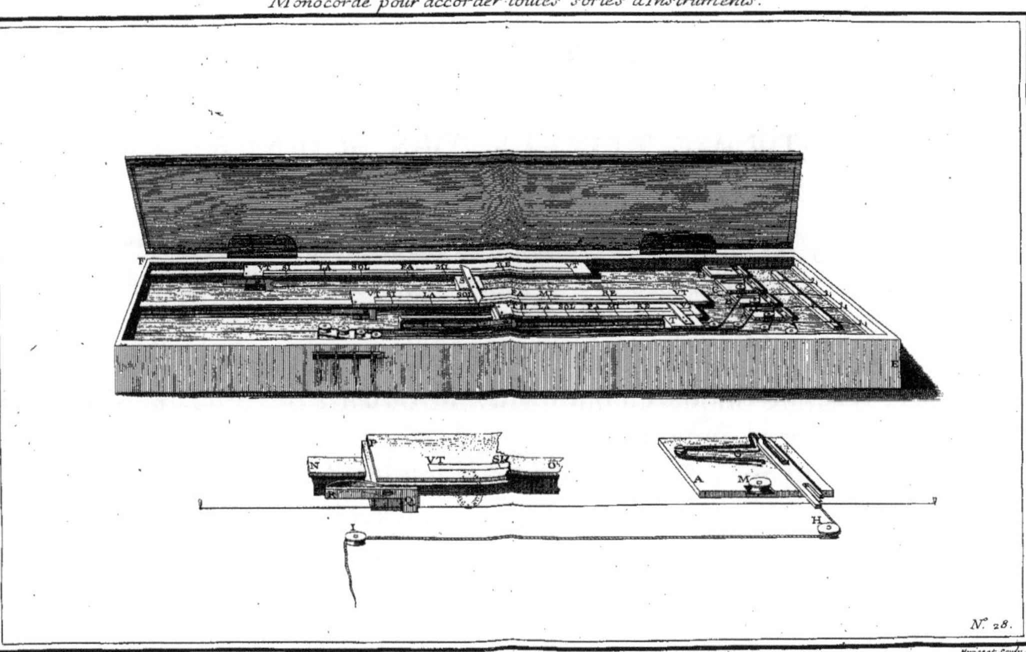

POMPE

POUR ELEVER DE L'EAU,

INVENTÉE

PAR M. AMONTONS,

DE L'ACADEMIE ROYALE DES SCIENCES.

Avant 1699. N°. 29. Fi. I. & II.

1, 2, 3, 4, 5, 6, repréſente la circonférence d'un tambour ou Cylindre creux, de métal, exactement fermé de toutes parts, excepté deux ouvertures rondes au centre des deux baſes du Cylindre, par où paſſe l'arbre de fer Q, à l'extrémité duquel eſt une manivelle ou barre de treüil.

Quatre autres ouvertures 2, 3, 5, 6, à la circonférence du tambour, & auſquelles ſont ſoudés des tuyaux, ſervent pour laiſſer entrer & ſortir l'eau; ſçavoir, les deux ouvertures 3, & 6, laiſſent entrer l'eau du baquet A dans l'intérieur du tambour; les deux autres 2, 5, laiſſent ſortir cette même eau, amenée par le mouvement circulaire du priſme ſolide éliptique NOPH autour de l'arbre Q fixé à ſon centre, & qui traverſe les deux baſes du tambour. Ce priſme étant donc mis en mouvement du ſens 1,2,3,&c, les capacités B, & D, augmenteront néceſſairement juſqu'à ce que le grand axe ait paſſé la verticale, & les capacités C, E diminueront dans la même raiſon, ce qui ne ſe peut faire ſans que l'eau ne ſoit pouſſée aux ouvertures (FIG. II.)

Avant 1699. N°. 29.

2, 5, dans le tuyau montant L, M; mais cette eau se trouve aussi-tôt remplacée par celle qui a la liberté de monter le long des tuyaux R S 3, R 5 6; ce dernier passe derriére le canal 5, 1, 2, & dégorge dans l'ouverture 6, l'eau qu'il contient étant pressée par l'air extérieur qui l'oblige de monter & de remplir continuellement le vuide que l'éllipse laisse en tournant: cette derniére eau ne sçauroit se mêler avec la premiére, elle en est empêchée par deux languetes G, F, dont la largeur est égale à celle du tambour; ces languetes sont poussées par les ressorts TT, & par la charge de l'eau contenuë dans le tuyau montant 5, 1, 2, L, M. Ces forces jointes ensemble font que les languetes frottent éxactement sur la circonférence du prisme élliptique, de maniére que l'eau des capacités C, E, ne peut se communiquer à celle des capacités B, & D.

On garnit les parois intérieurs du tambour, & les parois extérieurs du prisme de plusieurs cuirs de bœuf, tant pour adoucir les frottements, que pour rendre l'application du prisme contre le tambour plus juste. Sur les deux bases du même prisme sont aussi deux diaphragmes de cuir NOPH, qui sont pour le même usage.

L'on pourroit appliquer cette Pompe à la Machine Pneumatique, ce qui supprimeroit la sujétion du robinet, & de l'expulsion de l'air hors la Pompe. L'effet des Expériences en deviendroit d'autant plus considérable, qu'il seroit plus prompt & sans interruption.

Cette Machine qui est très-ingénieuse, demande beaucoup de soin dans son exécution.

MOULIN

Machine Hydraulique.

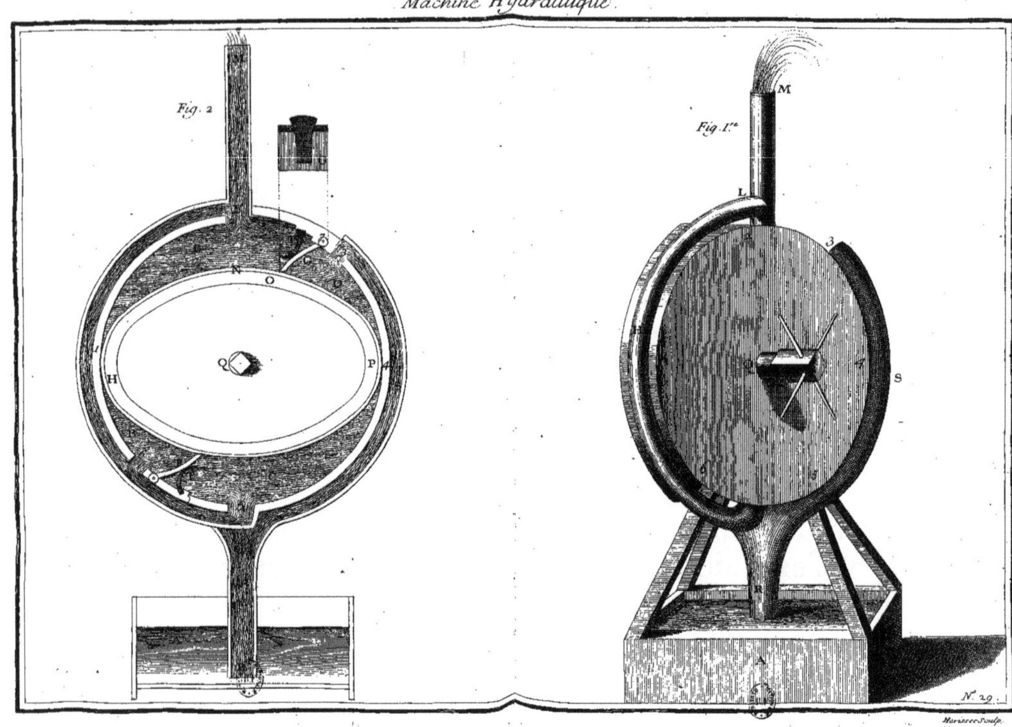

MOULIN HORISONTAL

INVENTÉ

PAR M. COUPLET,

DE L'ACADEMIE ROYALE DES SCIENCES.

Avant 1699. N°. 30.

CE Moulin eſt compoſé d'un arbre vertical ABC, ſoûtenu en B par un colet dans lequel il peut tourner librement. La partie AB eſt garnie de quatre aîles de Moulin à vent ordinaire, & poſées les unes ſur les autres; ces aîles doivent être ſemblables à celles dont on ſe ſert; c'eſt-à-dire, de la même longueur, & préſenter au vent une grande ſurface.

La meule eſt fixée à l'extrémité C, & ne différe en rien des autres meules.

Le chaſſis DEFG, que l'on peut appeller gouvernail, eſt fait de bois couvert de toile dans une bonne partie de ſa hauteur: ſa largeur eſt un peu plus grande que la longueur des aîles; il tient à l'arbre par la piéce AD vuë en raccourci dans cette Figure, qui cependant doit être plus longue que les aîles. Les pieds GF ſont garnis de roulettes, afin de faciliter le mouvement de ce gouvernail, qui doit tourner ſur la plate-forme tout-au-tour du Moulin lorſque l'on veut l'orienter. Son uſage eſt de s'oppoſer au vent, pour qu'il n'y ait qu'une ſeule aîle de frappée, ce qui ſe concevra par le plan HILM des quatre aîles. NO eſt le plan du gouvernail qui doit tourner, comme on l'a déja

Avant 1699. N°. 30.

dit, autour du centre P. Que l'on suppose à présent que le vent vienne de la partie R pour frapper sur la surface de l'aîle HP; s'il n'y avoit rien qui s'opposât au vent, il y auroit une force égale de part & d'autre sur les deux aîles HP, PI, & tout étant en équilibre le moulin ne tourneroit pas, aulieu que le gouvernail étant disposé pareillement devant l'aîle PI, l'aîle HP recevra toute l'impulsion dont le vent sera capable, & il n'y aura du côté PI qu'un fort petit obstacle qui s'opposera à la force imprimée, puisque le gouvernail NO soûtiendra lui-même une force égale à celle qui frappe l'aîle HP, par ce moyen le Moulin pourra produire l'effet demandé.

Les avantages de cette construction consistent, 1°. Dans la suppression de la rouë dentée, & de la lanterne, ce qui produira une exécution plus facile, & de moindre dépense. 2°. De pouvoir tourner à toutes sortes de vents. 3°. De trouver plus de facilité à être orienté, n'ayant qu'un chassis à mouvoir, aulieu de tourner un Moulin tout entier, ou du moins un comble qui est toûjours fort pesant. D'ailleurs il resteroit à sçavoir s'il n'y auroit point quelques difficultés par rapport à la solidité, & si cette espéce de Moulin ne seroit pas plus sujet que les autres à être renversé dans les grands vents.

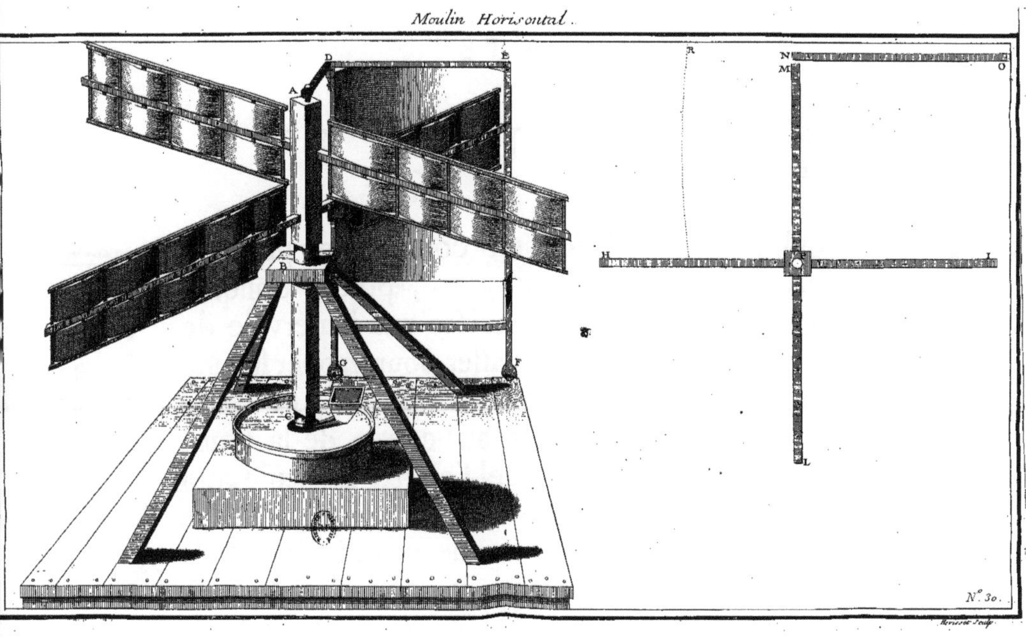

Moulin Horisontal.

MOULIN HORISONTAL,

OU

A LA POLONOISE,

INVENTÉ

PAR M. DU QUET.

Avant 1699. N°. 31.

FIG. I. FIG. II.

LE Moulin horizontal AB est composé de plusieurs cloisons 2, 3, 13, 12, 11, 10, posées obliquement sur un plan circulaire, de maniére que l'intervale de ces cloisons permette au vent de passer pour frapper sur une vanne IL formée de quatre aîles G, H, E, F. Cette vanne étant posée verticalement au centre de la tour, on prolonge son arbre CD, auquel l'on fixe la meule, qui ne différe en rien des meules ordinaires non-plus que les autres parties du Moulin. Cette vanne ayant la liberté de tourner sur elle-même, l'on voit par la disposition des cloisons 9, 10; 11, 12; 13, 3; 2, 5; 4, 6; 7, 8; qu'elles laissent entr'elles sur toute la hauteur du Moulin, les ouvertures 10, 11; 12, 13; 2, 3, &c. & qu'ainsi de quelque part que le vent vienne il trouve toûjours des issuës pour frapper sur la vanne, & la faire tourner.

Voyez le Plan FIG. II.

On aura l'obliquité des cloisons en décrivant deux cercles concentriques ; le cercle extérieur détermine la grosseur du Moulin; le cercle intérieur donne la longueur

Avant 1699. No. 31.

des cloiſons, & leur obliquité; le rayon de ce cercle doit avoir deux ou trois pouces de plus que le rayon de la vanne, afin qu'elle ait cette quantité pour ſon jeu, & qu'elle ne frotte point contre le bord des cloiſons. Ayant diviſé le cercle extérieur en ſix parties, on tirera des rayons à ces diviſions, qui partageront auſſi le cercle intérieur en même nombre de parties égales. Prenant donc pour exemple les deux rayons L 11, L 13, le cercle intérieur ſera coupé au point 12; ſi de ce point on tire la ligne 12 11, elle ſera la longueur & l'obliquité de la cloiſon; on fera de même pour toutes les autres, quelque nombre de cloiſons que l'on employe pour former la tour.

La forme du bâtis qui ſupportera la tour eſt arbitraire; on le peut même conſtruire ſur le faîte d'une maiſon élevée & bien expoſée pour cet uſage.

Ce Moulin a cela de commun avec celui de M. Couplet, que par ſa conſtruction la rouë & la lanterne employés dans des Moulins dont on ſe ſert, ne ſe trouvent plus dans celui-ci, ce qui le rend plus ſimple & de moindre dépenſe. On dit même qu'il y a de ces ſortes de Moulins établis en Portugal & en Pologne, ce qui les a fait nommer Moulins à la Polonoiſe.

Moulin horisontal

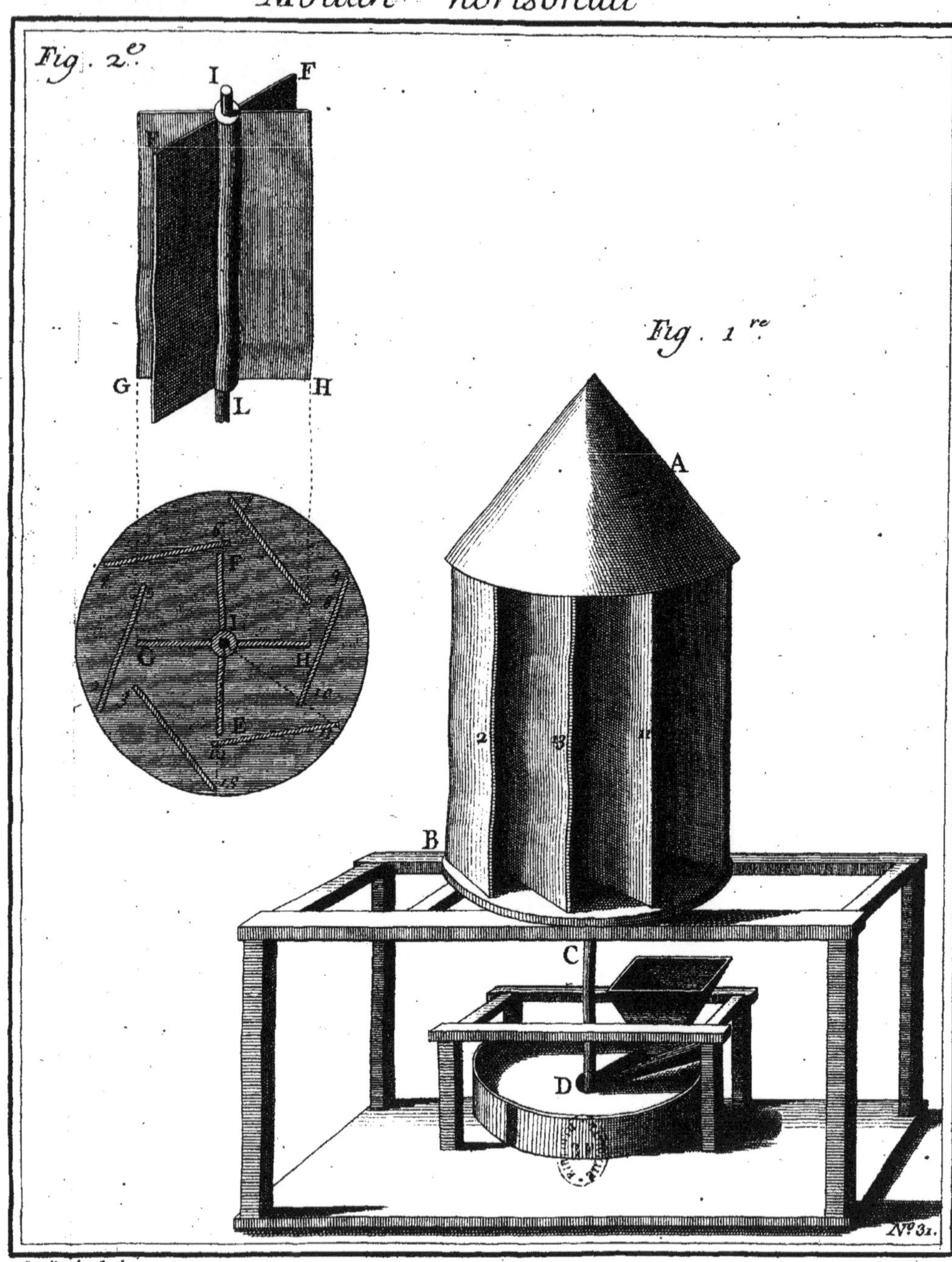

Dheulland Sculp.

MACHINE

POUR SCIER DES PIERRES.

Avant 1699. N°. 32. & 33.

PLANCHE I. FIG. I.

AB, CD sont deux chassis d'assemblage de figure quarrée, liés par les traverses EF, GH. L'on attache à ces traverses autant de barres de fer que l'on y veut appliquer de scies, comme 1, 2, 3, 4, 5, 6. Ces scies descendant par leurs poids le long des barres, à mesure qu'elles fendent la pierre. Elles embrassent ces barres par deux mains de fer, telles que IK. Il y a dans chacun de ces chassis deux piéces de bois en L, M, & en N, O, assemblées à équerre avec les piéces de niveau; ces chassis sont entre des roulettes de cuivre PP, & posent sur des coulisses RR.

Au milieu des chassis est un arbre ST tournant sur son axe par le moyen d'une lanterne fixée à l'extrémité T, dans laquelle la rouë V engréne, & qu'elle fait tourner. Ce même arbre porte autant de triangles de bois comme X, qu'il y a de chassis; ils sont construits de deux triangles semblables joints les uns sur les autres par de petites traverses, de façon que dans l'intervale que ces triangles laissent entr'eux après leurs assemblages, on puisse pratiquer à chaque angle une roulette Z, qui serve à diminuer le frottement du sommet du triangle contre les mentonets du chassis LM, MO.

L'on fait travailler cette Machine en attelant un cheval au levier appliqué à l'arbre de la rouë V, ce que l'on verra dans la Planche suivante. Cette rouë qui engréne dans la lanterne la fait tourner nécessairement, ensemble

Avant 1699. No. 32. & 33.

l'arbre à l'extrémité duquel elle est attachée. Or cet arbre en tournant les angles de chaque triangle qui lui est fixé, ces angles rencontrent le chassis qui répond à chaque triangle, & le poussent tantôt à droite, & tantôt à gauche, ce que l'on peut voir à la seule inspection de la Figure, si l'on considére la disposition des piéces LM, NO, qui sont rencontrées alternativement par les pointes du triangle qui chasse les scies de côté & d'autre, en faisant mouvoir les chassis entre leurs roulettes P, P, Q, & sur les coulisses RR.

CALCUL.

PLANCHE II. FIG. II.

Pour sçavoir la force qu'il faut employer pour faire mouvoir cette Machine, il faut lui supposer les mesures suivantes. La barre Q B de 6 pieds; la roue V aussi 6 pieds de rayon; la lanterne T un pied : & chaque triangle comme X deux pieds à prendre depuis le centre de l'arbre jusqu'au sommet du triangle. La puissance étant nommée Q, la résistance P, on aura cette proportion Q, P :: 12. 6. donc 175 livres effort du cheval à l'extrémité B du levier QZB ne fera que 87 livres $\frac{1}{2}$, effort qui paroît suffisant pour mouvoir les chassis, & pour vaincre les autres frottements qui se rencontrent dans la Machine.

EXPLICATION DU PROFIL pris ſur la longueur de la Machine dans le milieu de ſa largeur.

Avant 1699. Nº. 32. & 33.

QZB.	Levier auquel eſt attelé le cheval.
V.	Grande rouë qui fait tourner l'arbre.
T.	Lanterne de l'arbre.
ZZZZ.	Les triangles appliqués ſur l'arbre.
A, M, N, O.	Les chaſſis qui répondent aux roulettes des triangles.
P, P, P, P. R, R, R, R.	Roulettes & couliſſes entre leſquelles ſe meuvent les chaſſis.
1, 2, 3, 4, 5, 6.	Les ſix ſcies qui ſont adaptées aux chaſſis avec leurs mains de fer.

MACHINE

Machine pour Scier des Pierres

planche Ire

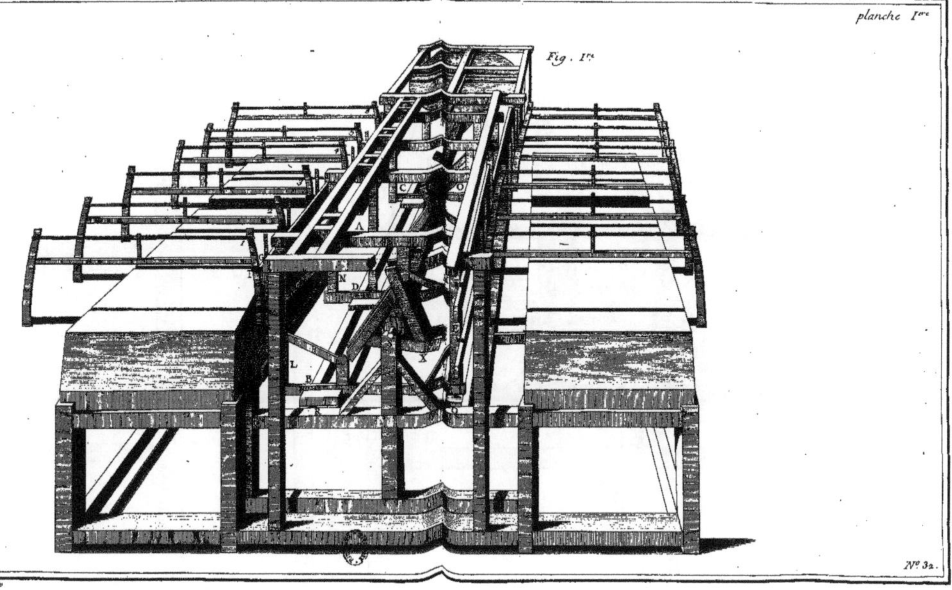

Nº 32.

[P]oulland Sculp

Profil de la Machine a Scier des Pierres

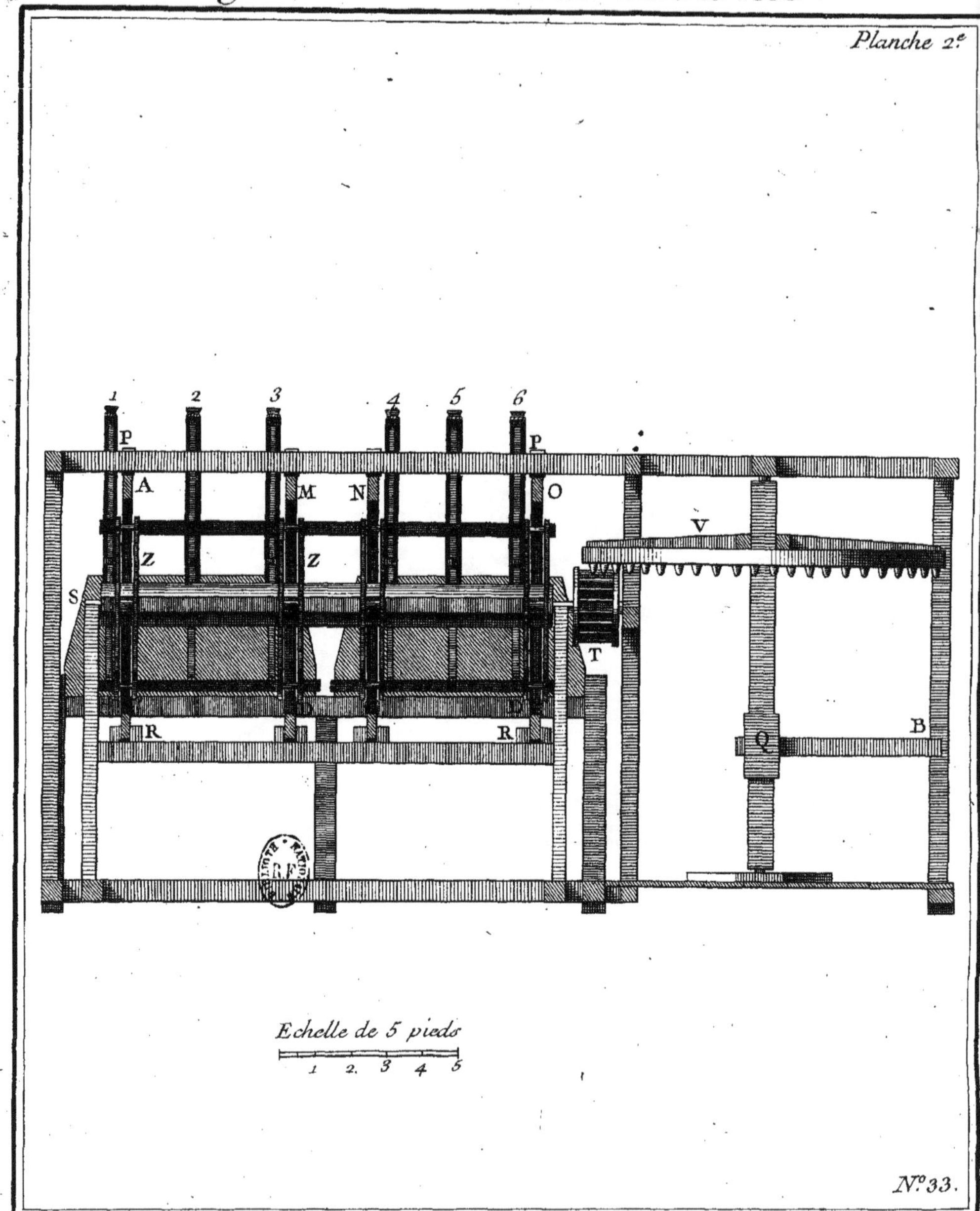

Dheulland Sculp

MACHINE

POUR ELEVER DE L'EAU.

CETTE Machine est composée de quatre corps de Pompe A, B, C, D, contenuës dans le coffre EFG, sur lequel est un bâtis à deux étages qui porte les autres parties de la Machine. De ces quatre Pompes deux aspirent, & deux refoulent dans le même tems par le moyen d'un mouvement alternatif auquel tiennent leurs pistons. Les tiges de ces pistons sont attachées aux bras HI, KL, fixées par leurs milieux à une barre de fer MN portée par deux montans NO, MP, sur la traverse PO. Au milieu de la barre MN est fixé le levier QR. Son extrémité R tient à la verge de fer RS. Le bout S est attaché à la manivelle T, qui tient à l'arbre de la rouë verticale V, dans laquelle engréne la rouë horisontale X, que l'on fait tourner par la deuxiéme manivelle Y attachée à son arbre.

Avant 1699. N°. 34.

FIG. I.

Les quatre corps de Pompe ont chacun une ajûtage 1, 2, 3, 4, qui se réünissent au tuyau ZZ, à l'extrémité duquel est le dégorgement. Chaque ajûtage est garni d'une soupape, de maniére que l'eau y est retenuë pendant l'aspiration, ce qui se fait lorsque l'on fournit de l'eau dans le coffre. Pour que cette Machine agisse il faut que les corps de Pompe soient toûjours noyés ; pour lors l'eau passe au travers des pistons, au moyen d'un trou fait dans leur épaisseur. Cette eau est ensuite refoulée en cette sorte.

FIG. II.

Avant 1699. N°. 34.

Si l'on ſuppoſe que l'on faſſe tourner la rouë X, cette rouë qui engréne dans la rouë verticale V fera circuler la manivelle T; & par la révolution de cette manivelle la verge SR monte & deſcend, & fait tourner la barre MN par le moyen du levier RQ. Cette barre étant ainſi miſe en mouvement, fait monter & deſcendre les extrémités des bras HI, KL, qui refoulent & font monter l'eau dans les ajûtages adaptés aux corps de Pompe. Par la diſpoſition de ces piſtons l'on voit que les deux piſtons HK refoulent, & que les deux autres IL aſpirent, ce qui ſera mieux conçû par la Figure ſuivante.

Fig. III.

Imaginez la barre HI mobile autour du point Q, & que cette barre ſe meuve avec le levier Q *r*, ſi le renvoi *r s* fait faire à ce levier le chemin *r r*, il eſt clair que l'extrémité H décrira l'arc H *h*, & que l'autre bout I décrira l'arc I *i*, donc le piſton A refoulera pendant que le piſton C laiſſera entrer l'eau dans la pompe, qui enſuite ſera refoulée par ce même piſton, en faiſant faire à la barre HI un chemin contraire au précédent. Ainſi alternativement la Machine élevera l'eau, pourvû que les corps de Pompes ſoyent toûjours entretenus noyés.

La Méchanique employée dans cette Machine n'eſt point nouvelle, puiſqu'il s'en trouve beaucoup de cette eſpéce dans Ramelli. D'ailleurs ces ſortes de conſtructions ſont trop compoſées, & il s'y rencontre trop de frottement pour qu'elles ſoient durables, & capables de grands effets.

Machine pour Elever de l'Eau.

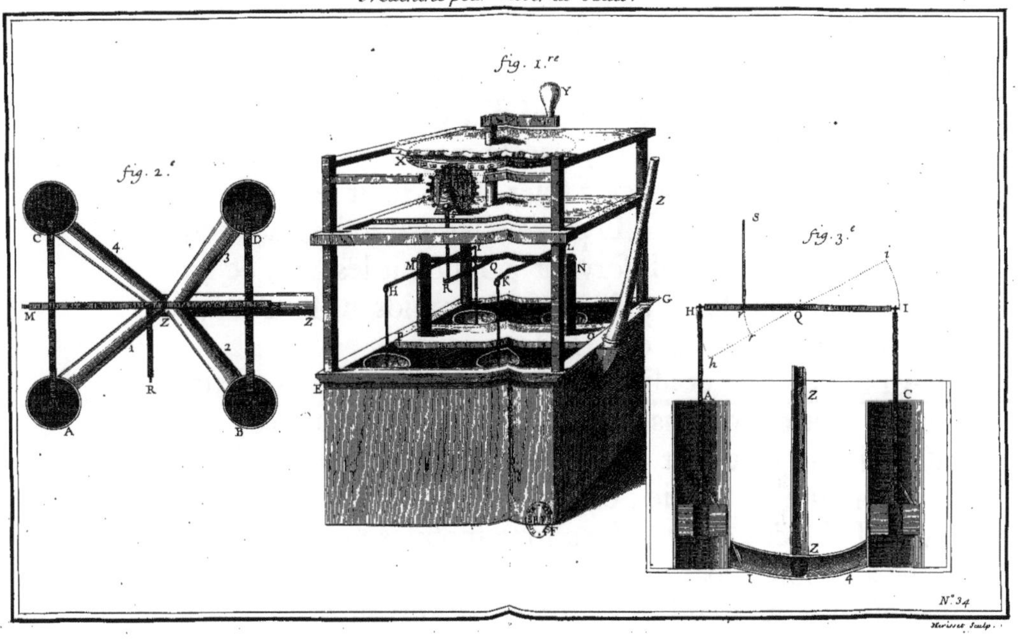

MACHINE

POUR SCIER DES PLANCHES.

CETTE Machine est portée par deux chevalets A, B, sur lesquels sont attachées fixement deux coulisses CD, EF, liés à leurs extrémités par des traverses; c'est sur ces coulisses que marche le train GHIKL, qui renferme la piéce que l'on veut scier. Ce train est composé de deux fortes planches HI, LK, dont l'une HI, peut s'approcher de l'autre LK, par le moyen des vis M, N; ce qui sert à fixer la piéce à scier, & la tenir ferme sur son assise. L'autre planche KL porte à ses extrémités des coussinets tels que O, qui servent à soûtenir les vis, & empêcher le recul de la piéce, si son poids ne suffisoit pas pour résister à la poussée de la scie.

Avant 1699.
N° 35. 36. 37.
PLANCHE 1.
FIG. I & II.

Au milieu des coulisses CD, EF, sont élevés verticalement deux montans PQ, RS, aussi à coulisses, dans lesquelles se meuvent les longs côtés de la scie. A la partie inférieure de la scie, est un montant de fer T*h*, & un levier TV; ces deux piéces sont mobiles au point T, y étant assemblées par un boulon de fer. Le bout V du levier est fixé au treüil XY, en le traversant dans son milieu diametralement. Sur l'extrémité X de ce treüil est entéeune chappe de fer *&* qui tient un second levier *&* mobile dans cette chappe; ce levier engréne dans une roüe verticale *b*, dentée en rochet, & fixée au treüil *cd*; elle est retenuë par un cliquet ou pied de biche assemblé à charniére sur le chevalet B; le montant de fer T*h* tient à l'étrier de la scie, & à la manivelle *hi* fixée au treüil

Avant 1699.

N° 35. 36. 37.

IK; à l'extrémité opposée est une roue dentée K *l*, qui engréne dans la roue horisontale *m n* mise en mouvement par un cheval attelé à un levier ou barre attachée à son arbre qui s'éleve au-dessus de la plate-forme OP. Cette roue étant donc mise en mouvement par le moteur, elle fera tourner la roue verticale K, qui fait pareillement circuler la manivelle *i h*, qui dans sa révolution fait monter & descendre alternativement la scie, en lui faisant parcourir le chemin T *r*. On remarquera que le montant *h* T fléchit aux differents mouvements de la manivelle, de même que le levier TV, d'où il suit que la scie sera poussée de bas en haut, & tirée de haut en bas par des directions differentes de la part de la piéce *h* T, par rapport aux differentes positions de la manivelle *h i*. Voici ce qui fait avancer la piéce que l'on veut scier.

La manivelle étant supposée verticale, & avoir fait un demi-tour, la scie aura parcouru le chemin T *r*; le levier TV aura monté de la même quantité en prenant la situation *r* V. Le treüil XY aura pareillement fait un mouvement en faisant décrire à la chappe *&* l'arc *& u*, ce qui ne peut arriver sans que le levier *& a*, qui pour lors est tiré, ne descende par son propre poids sur une autre dent *x* du rochet *b*; la manivelle achevant sa révolution, le levier *r u* revient de *r* en T; la chappe *&* est aussi déterminée à revenir suivant l'arc *u &* dans la position où elle étoit avant. Pendant ce tems le levier *& a* pousse le rochet *b*, qui fait tourner le treüil *c d* auquel elle est attachée; ce treüil en tournant tire sur une corde fixe à l'endroit W du train mobile IGLK dans lequel est enfermée la piéce à scier.

Cette machine qui se trouve dans Ramelli est construite sur le même principe que celles qui sont en usage dans la Picardie & dans d'autres endroits, & que le vent ou l'eau font agir; celles-là seront toûjours préférées à celles-ci, en ce qu'elles ne sont ni si compliquées, ni d'un si grand coût. Cependant si dans un terrain enfoncé, où ordinairement le vent manque, & si on ne trouvoit pas le courant assez fort pour y construire une telle Machine, on pourroit y pratiquer celle-ci, sauf à la simplifier & à la faire agir de même par des chevaux.

Avant 1699. N° 35. 36. 37.

PROFIL PRIS SUR LA LARGEUR.

PLANCHE I. FIGURE II.

AA Le Chevalet.

CE Les deux Coulisses sur lesquelles marche le train.

by Une des Traverses qui lient les Coulisses CE.

GIKL Train qui renferme la piéce à scier.

G Poutrelle liée à la planche LK par des traverses telles que GL, sur lesquelles la planche mobile HI est posée.

og L*e* Coussinet attaché à la planche KL, pour soûtenir le corps de la vis M, & empêcher le recul de la piéce à scier.

IH Planche mobile qui s'approche plus ou moins du Coussinet *oe* pour serrer la piéce à scier, & la tenir ferme sur son assise *pq* au moyen de la vis M.

Avant 1699.
N° 35. 36. 37.

PROFIL PRIS DANS TOUTE la longeur de la Machine ſur le milieu des deux Chevalets.

PLANCHE II. FIGURE III.

o e a c Train qui renferme la piéce à ſcier.

FE Couliſſe ſur laquelle marche le train.

a c, *o e* Couſſinet & corps des vis MN attachés ſur la Planche K.

SR Montant à couliſſe, dans lequel le chaſſis de la Scie ſe peut mouvoir en montant & en deſcendant.

P *q* Feuillet de la Scie.

T *h* Languette qui fait mouvoir la Scie.

TV Levier qui ſert à faire tourner le Treüil D autour duquel s'entortille la corde, & fait avancer le Train.

h i Manivelle.

PLAN DE LA MACHINE.

Avant 1699. N° 35. 36. 37.

PLANCHE III. FIGURE IV.

AA, BB Les deux Chevalets.

CD, EF Les Couliſſes fixement attachées ſur les Chevalets, & liées aux extrémités par les Traverſes *y t g h*.

KI, Q*q* Train mobile.

i b Aſſiſe de la piéce.

c d Piéce à ſcier.

m n Roue horiſontale, à laquelle eſt attelé le cheval qui tourne ſur la plate-forme OP, & qui fait mouvoir le Treüil K & la Manivelle, & fait monter le Levier TV attaché au milieu du Treüil XY.

Q Arbre vertical de la Roue.

MOULIN

Machine à Scier. des Planches.

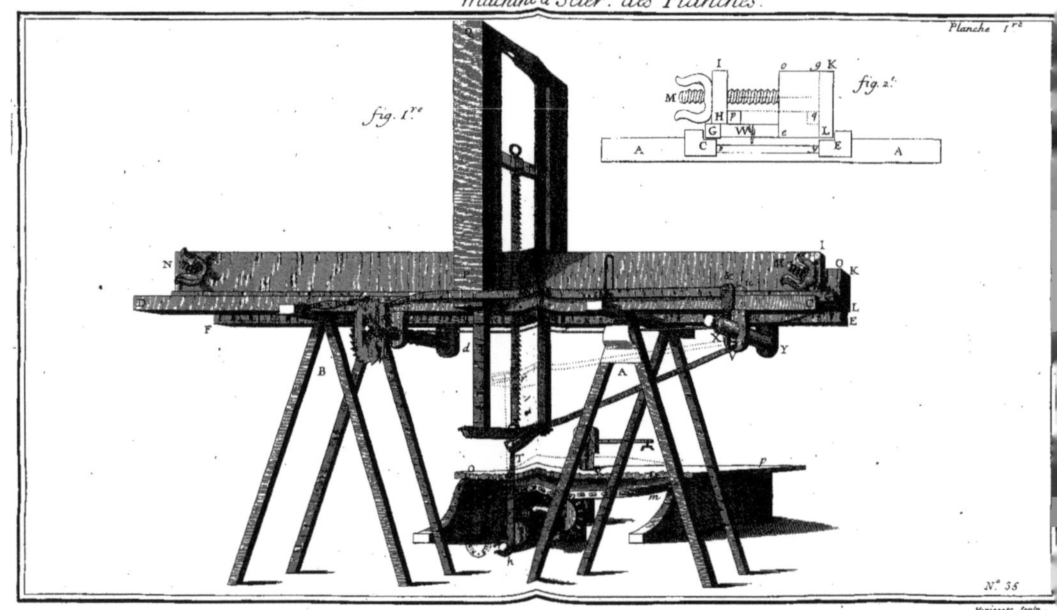

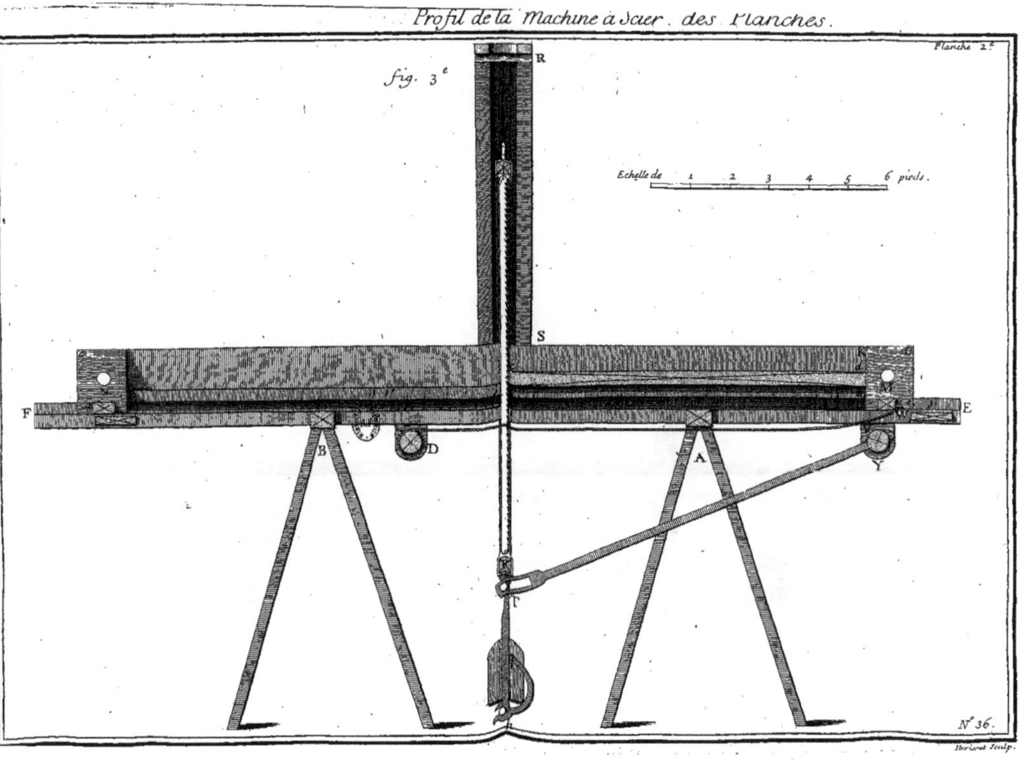
Profil de la Machine à Scier. des Planches.
Planche 2e
fig. 3e
R
S
Echelle de 1 2 3 4 5 6 pieds.
F
E
M
B
D
A
Y
T
N° 36.

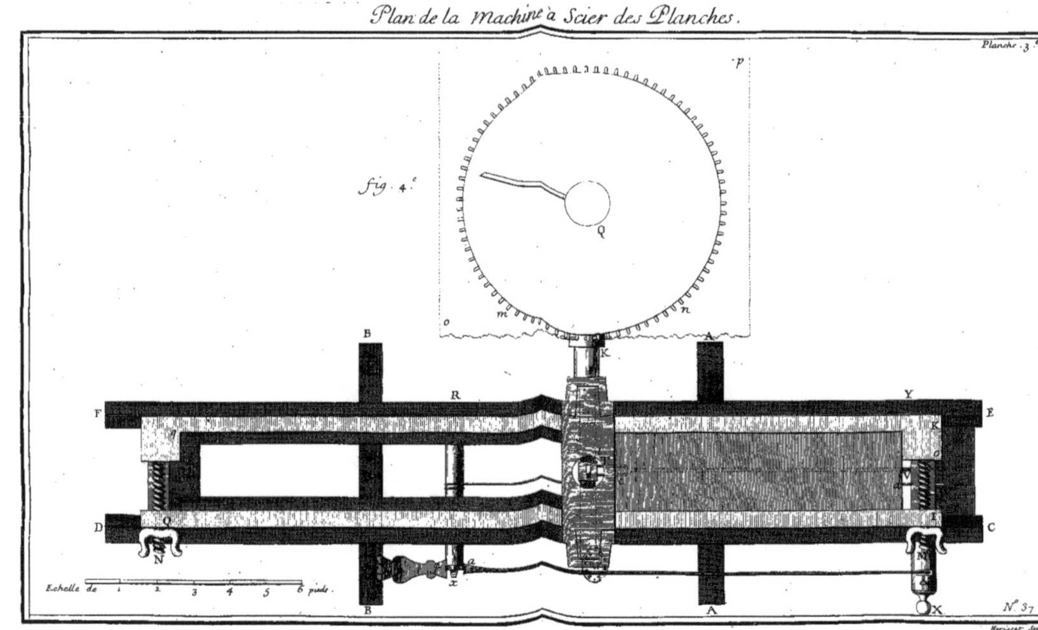
Plan de la Machine à Scier des Planches.
Planche . 3.e
fig. 4.e
Echelle de 1 2 3 4 5 6 pieds.
N.° 37

MOULIN A PAPIER ET A BLED.

AB est le passage du ruisseau destiné à faire marcher la Machine; ce courant fait tourner la roue, après avoir levé la vanne CD qui retenoit l'eau.

Avant 1699. No. 38. 39. 40. PLANCHE I. FIG. I.

Cette rouë est supportée par son axe GH sur les bords de l'auge AB. L'axe GH porte dans l'intérieur du bâtis une rouë moyenne qu'on n'a point marquée dans cette Figure, pour éviter la confusion, mais qui se verra dans la deuxiéme & troisiéme Figures. Cette rouë engréne dans une lanterne fixée vers L à l'arbre IK, qui porte une rouë MI fixée à sa partie supérieure. Cette rouë fait tourner la lanterne N portée par l'arbre NO, qui est appuyé sur les trois coussinets *1, 2, 3,* & qui peut tourner librement sur lui-même. La surface de cet arbre est garnie de plusieurs mentonets disposés en spirale, & espacés entr'eux à des distances égales à celles des pilons qui leur répondent; de maniére que si l'on imagine un plan vertical qui coupe un des pilons par le milieu de son épaisseur, ce plan prolongé coupera aussi le cylindre perpendiculairement à son axe, & rencontrera quatre mentonets qui répondent tous au même pilon, & servent par conséquent à l'élever dans une même révolution de l'arbre.

La rouë de chan M communique aussi son mouvement à la rouë T; cette derniére engréne dans la lanterne V portée par l'axe d'une meule qui moud le bled dans l'emboîture *y*. Ces differents mouvemens se feront mieux sentir par la Figure suivante.

Avant 1699. N°. 38. 39. 40.

PLANCHE II. FIG. II.

La rouë E étant mise en mouvement par le courant. Cette rouë fait tourner le rouet AB qui engréne dans la lanterne C, qui fait pareillement tourner la rouë M, parce que leur arbre est commun. Cette même rouë fait mouvoir la rouë N, & par conséquent l'arbre qui porte les mentonets. Ce Profil fait voir les quatre mentonets pour chaque pilon. L'on conçoit que quand le mentonet D rencontre la fiche à l'endroit Q, il leve le pilon *S a x*, à l'échappement duquel ce pilon tombe, & est ensuite relevé par les autres mentonets DP qui succédent au premier. Il en est ainsi des autres.

La partie du pilon qui entre dans le mortier R est dentée & armée de fer ; chacun de ces pilons porte une cheville à l'endroit *a*, qui sert à l'élever, indépendamment de l'arbre qui porte les mentonets, ce qui se fait par le moyen d'un levier V *e*. A l'extrémité *e* est attachée une corde qui passe sur un rouleau *d*. Son autre bout va se fixer à une barre *b*, qui régne dans toute la longueur de la batterie, & parallelement au rouleau. L'on voit qu'en tirant sur le bout *b* l'on fait élever l'extrémité *e* du levier, de même que le pilon, ce qui donne la facilité de mettre dans le mortier ce que l'on veut y faire piler.

La Machine pour moudre le bled n'est autre chose que la rouë M, qui imprime son mouvement à la rouë P ; cette derniére fait tourner la lanterne V fixée à l'axe de la meule. Le reste du Moulin est à l'ordinaire.

PROFIL PRIS SUR LE MILIEU de la longeur de la Machine.

Avant 1699. No. 38. 39. 40. *PLANCHE III.* FIG. II.

Les Mortiers ſont au nombre de neuf, dans chacun deſquels ſont deux pilons. L'arbre NO, par la diſpoſition des mentonets, prend en tournant la moitié de ces pilons à la fois, de maniére qu'il y a toûjours neuf pilons qui frappent. Au ſurplus la grandeur de la batterie eſt arbitraire, auſſi-bien que le nombre des Mortiers. On proportionnera l'un & l'autre au moteur que l'on y voudra employer, & à la ſituation du lieu où on le voudra conſtruire.

AB Eſt le Rouet.

C La Lanterne.

IK L'Arbre de la Lanterne C, & de la Rouë M.

N. Lanterne de l'Arbre PO.

d d Rouleau ſur lequel paſſent les cordes qui ſervent au Levier pour lever les Pilons.

b b Barre à laquelle ſont attachées les extrémités des cordes qui tiennent au Levier pour lever les Pilons.

Profil du Moulin à papier et à bled sur sa largeur.

Profil du Moulin à papier et à bled sur sa longueur.

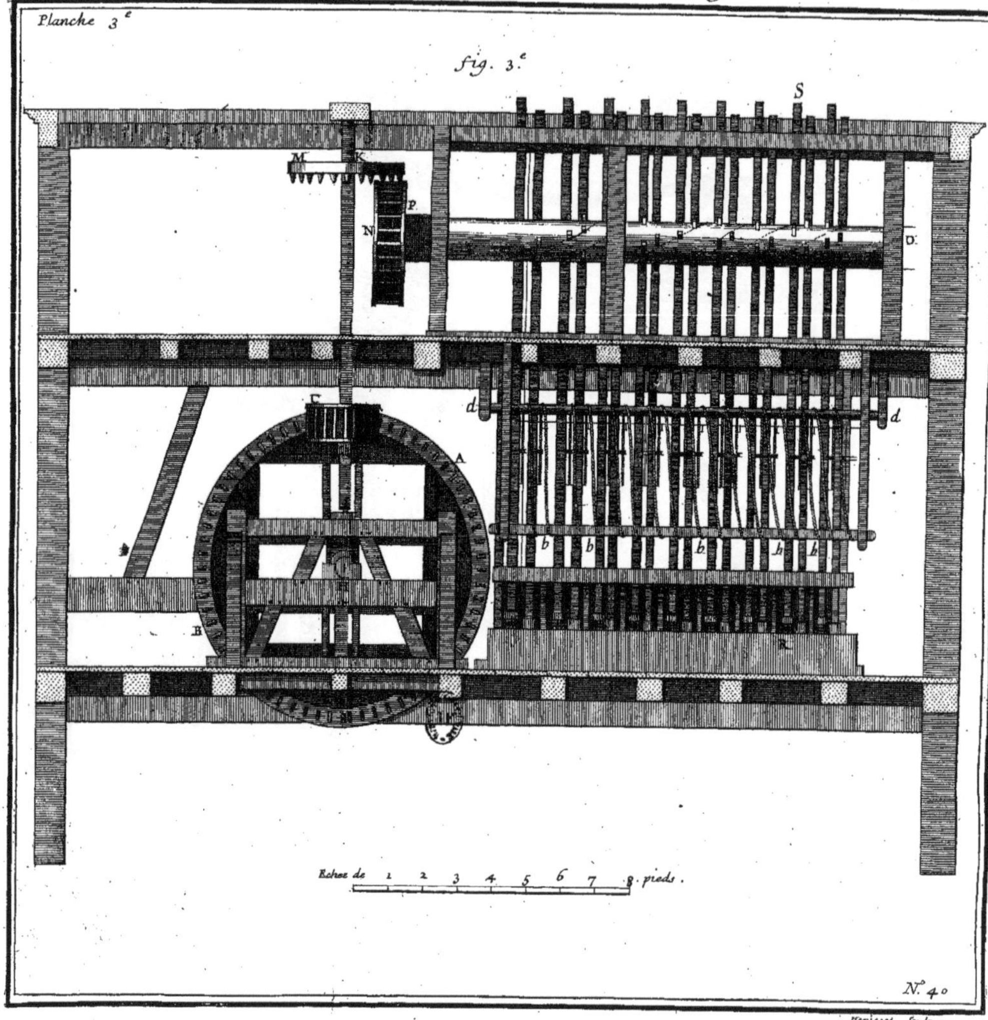

Merisset Sculp.

MACHINE POUR BATTRE DES PILOTIS

Avant 1699. N°. 41. FIG. I. & II.

LA grande rouë AB est supportée par son axe C, & sur deux montans qui lui permettent de tourner. Ce même axe prolongé porte trois rouës D, E, F posées à distances égales l'une de l'autre. Chaque circonférence est garnie de six fourchetes de fer, comme la rouë D le fait voir par les chiffres 1, 2, 3, 4, 5, 6. Ces fourchetes sont espacées également.

GH est un chevalet, dans la largeur duquel sont pratiquées trois séparations I, K, L. Les côtés intérieurs de chaque séparation sont faits en coulisses, & contiennent des poulies renfermées dans leurs chapes, qui peuvent se mouvoir de bas-en-haut, & de haut-en-bas par le moyen des vis M, N, O, qui portent sur leurs extrémités supérieures, & dont les écrous sont faits dans l'épaisseur du chevalet. L'usage de ces vis est de bander plus ou moins les cordes ausquelles tiennent les moutons.

A la partie supérieure de la Machine, qui est le chapeau P Q, sont pareillement pratiquées trois autres poulies qui répondent aux ouvertures I, K, L du chevalet GH, de maniére que chaque rouë comme D, sa poulie supérieure, & son inférieure I, se trouvent dans le même plan vertical. Sur chacune de ces rouës, & sur leurs poulies

correſpondantes, paſſe une corde garnie de nœuds, que l'on
Avant nommera chaîne ſans fin. La diſtance de chaque nœud
1699. eſt égale à celle des fourchetes des roues. Cette même
N°. 41. corde eſt garnie dans ſon étenduë de pluſieurs autres brins de corde, au bout deſquels ſont des anneaux de fer *a b c*, qui ſervent à accrocher les trois moutons.

L'on entend que les quatre montans R, S, T, V, ſoient ſolidement affermis, puiſque c'eſt dans les intervales qu'ils laiſſent entr'eux que doivent ſe mouvoir les moutons. La hauteur des montans doit être de 20 à 25 pieds. Au-deſſous du chapeau PQ eſt fixée la traverſe XY, qui ſert à la détente des moutons, ce que l'on expliquera après avoir parlé de leur conſtruction.

Fig. III. Les moutons ſont faits du bois le plus peſant, de figure priſmatique, & ſertis de fer à leurs extrémités. Sur deux des côtés oppoſés ſont huit oreilles, c'eſt-à-dire, quatre ſur chaque face, comme *d c f g*, aſſez éloignées pour pouvoir embraſſer les montans. Chaque mouton porte une détente *m n i h*: elle eſt compoſée d'un crochet *hin* mobile au point *i*, & d'un reſſort *m* qui le tient en reſpect. L'extrémite *h* du crochet eſt pour entrer dans l'anneau *a*, qui tient à la chaîne ſans fin. Le tout ſuppoſé affermi, ſi l'on bat trois pilots à la fois, voici comme l'élevation des moutons ſe fera.

L'on ſuppoſe les moutons en répos; on accrochera donc les trois moutons aux trois brins de corde que portent les chaînes ſans fin, de ſorte que chaque chaîne élevera ſon mouton; enſuite on fera marcher des hommes dans la roüe AB, qui pour lors tournera: enſemble les roüës DEF qui ſont fixées ſur ſon eſſieu. Les fourchetes de ces roüës attrappant ſucceſſivement les nœuds des cordes, les tireront néceſſairement, ce qui ne pourra arriver ſans que les moutons ne montent juſqu'à la rencontre de la traverſe XY, il arrive alors que chaque mouton qui eſt toûjours tiré tend à monter : & la barre qui contraint l'extrémité *n* du crochet oblige le reſſort *m* de céder, alors le bout *h* du crochet ſe dégage de l'anneau *a*, & le mouton tombe, & a une chûte directe, & d'autant plus conſiderable, que la Machine eſt haute, & le mouton peſant.

Avant 1699. N° 41. FIG. III.

MACHINE

Machine pour batre des Pilotis.

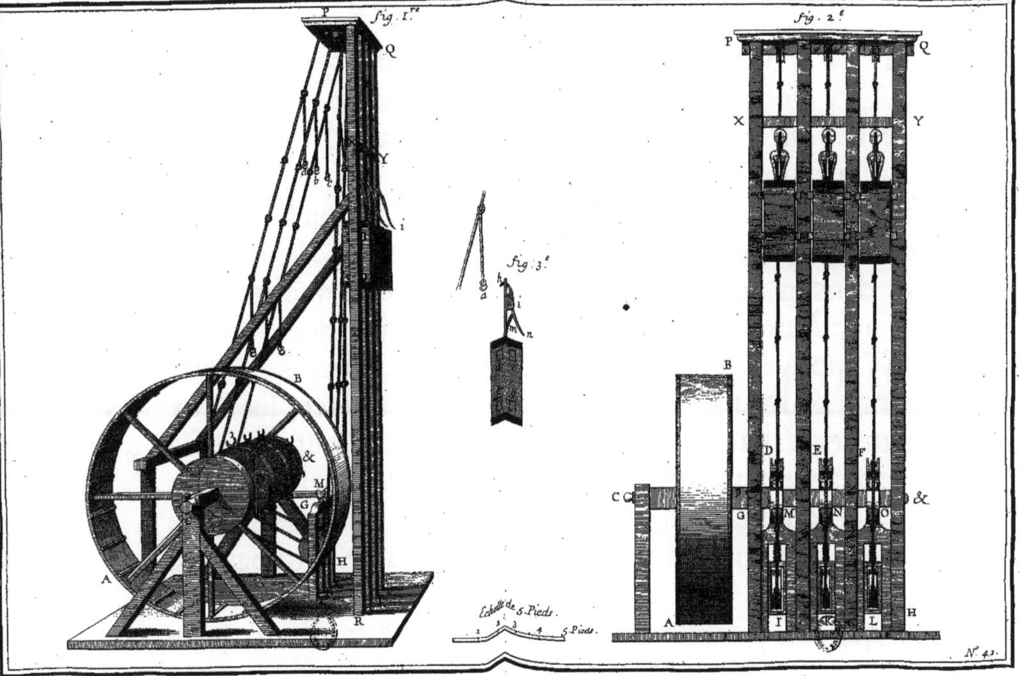

MACHINE
POUR
ATTIRER DES FARDEAUX.

CETTE Machine est composée d'une grande rouë AB, dont l'arbre CD est en vis sans fin; cet arbre & la rouë sont soûtenus par les deux montans EF, sur lesquels elle tourne librement. Avant 1699. N°. 42. & 43.

Dessous la vis sans fin est une rouë OR, dont la circonférence est garnie de chevilles ou mentonets, & qui engréne dans la vis sans fin; au centre de cette même rouë, qu'on appellera rouë moyenne, sont fixés deux rouets G, H, appuyés sur quatre montans, sur lesquels la rouë moyenne & les rouets peuvent aisément circuler; les deux montans extérieurs, tels que I, vont joindre leurs opposés intérieurs par une piéce LM qui les traverse aux extrémités, ausquelles sont de petites poulies qui roulent sur le plat de la circonférence de la rouë moyenne. Au bas des mêmes montans sont d'autres poulies destinées au même usage que les premiéres; c'est-à-dire, que ces deux poulies jointes à deux autres établies au côté opposé, servent à contenir la rouë moyenne, & l'empêchent de vaciller. PLANCHE I. FIG. I. PLANCHE II. FIG. III.

Deux hommes que l'on fait marcher dans l'intérieur de la grande rouë AB, font mouvoir la Machine; l'on voit que cette rouë circulant, la vis sans fin fait aussi tourner la rouë moyenne, & celle-ci les rouets qui sont fixés à son arbre; le cordage attaché au poids étant roulé sur les rouets,

Avant 1699. N°. 42. & 43.

il s'ensuivra qu'agissant ensemble ils attireront le fardeau; (sous lequel il faudra mettre des rouleaux.) Cette Machine peut être aisément transportée, puisqu'elle est montée sur quatre rouës, & peut servir en plusieurs occasions, sur-tout pour mouvoir des Fardeaux d'une grande pesanteur; ce qui sera prouvé par le Calcul suivant.

CALCUL.

L'avantage de cette Machine est comme $\frac{1}{2}$ à 66, ou 1 à 132; car supposant le poids des deux hommes qui agissent dans la grande rouë évalué à 250; la rouë AB de 7 pieds de rayon; les pas de la vis sans fin, chacun distant de 6 pouces; la rouë moyenne OR de trois pieds de rayon; les rouets GH chacun d'un pied aussi de rayon, on aura cette proportion. La force des hommes est à la résistance, comme le rayon du tambour multiplié par la hauteur d'un pas de vis, est au produit de la circonférence du levier auquel le poids des hommes est appliqué, multiplié par le rayon de la rouë moyenne. Or l'on dit ici le produit de la circonférence du levier auquel le poids des hommes est appliqué. Les hommes qui marchent dans cette rouë ne font point effort sur l'extrémité du rayon, car ils marchent sous un angle de 30 degrés; c'est-à-dire, que si l'on tire du centre de la rouë un rayon à l'endroit de leurs pieds, ce rayon avec le rayon vertical feroit un angle de 30 degrés; & si du même endroit de leurs pieds on tire une perpendiculaire sur le rayon horisontal, qui sera le sinus de complement de l'angle de 30 degrés. Cette perpendiculaire coupera le rayon horisontal en deux parties égales, puisque chaque partie sera le sinus de 30 degrés, qui est égal à la moitié du rayon, pour lors on aura un cercle dont le rayon sera de trois pieds $\frac{1}{2}$, & non de 7, qui est le rayon total. Sur ces dimentions si l'on veut prendre la peine de faire le calcul, on trouvera cette proportion 250. 8283 : : $\frac{1}{2}$. 66, ou 1 à 132, de ſorte que 250 feront équilibre avec une réſiſtance de de 8283 livres.

Avant 1699. N°. 42. & 43.

EXPLICATION DU PLAN & du Profil.

PLANCHE II. FIGURES II. ET III.

AB La grande Rouë.

CD Vis ſans fin.

EF Les deux Montans qui portent la Rouë & la Vis.

RO Rouë moyenne.

I,I,I,I, Les quatre Montans qui ſervent à porter la Rouë moyenne, & les Rouets GH.

1,2,3,4, Poulie appliquée aux Montans pour ſoûtenir la Rouë moyenne.

Machine pour tirer des fardeaux.

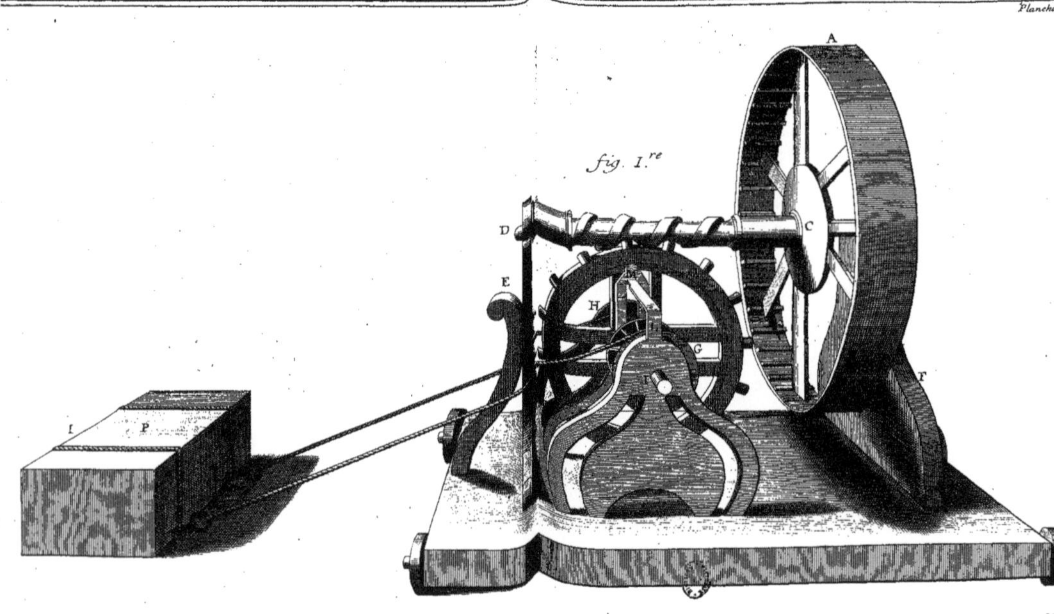

Plan et Profil de la Machine pour attirer les Fardeaux.

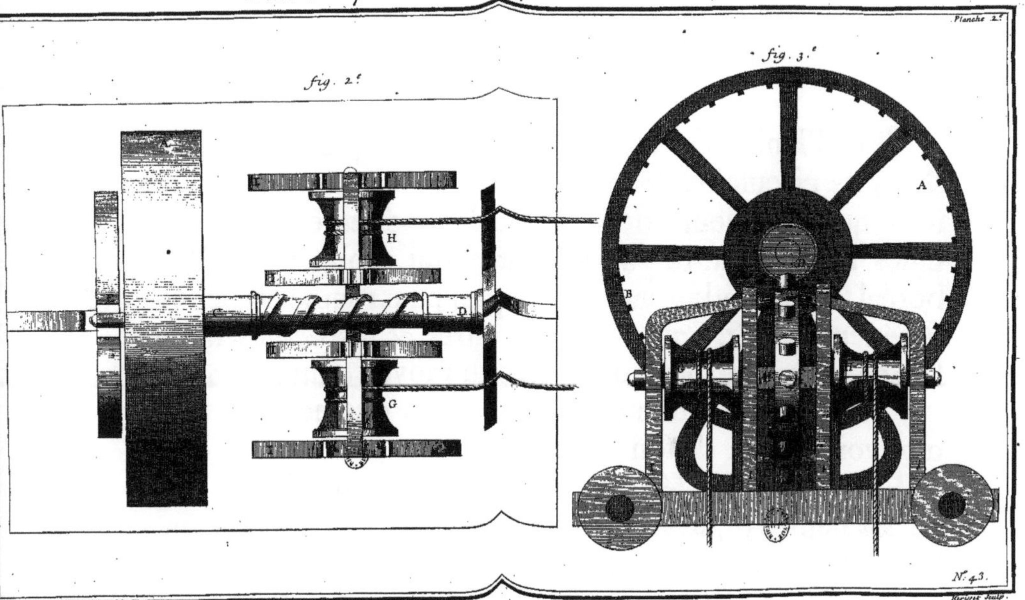

PLANISPHERE CELESTE

INVENTÉ

PAR M. CASSINI,

DE L'ACADEMIE ROYALE DES SCIENCES.

CE Planiſphére eſt compoſé de deux plaques ou feuilles circulaires inégales placées l'une ſur l'autre, de ſorte que l'inférieure déborde de la ſupérieure. Elles ſont unies l'une à l'autre par le centre qui repréſente le Pole boréal du Monde, autour duquel peut tourner la feuille ſupérieure GEZ, qui porte les aſtres & les cercles mobiles de la Sphére; ce qui ſe fait au moyen d'un bouton Z, qui eſt fixé ſur cette même platine, & qui ſert à la faire mouvoir autour de ſon centres.

Avant 1699. N°. 44.

FIGURE I.

Le bord de l'inférieure eſt diviſé en 360 degrés, & en 24 heures, qui ſe comptent de 12 en 12, & chaque heure eſt diviſée en 60 minutes.

Par les points oppoſés des XII & XII heures, & par le Pole paſſe un fil d'argent AB, qui repréſente le Meridien où arrivent les Etoiles lorſqu'elles ſont à leur plus grande hauteur, ou à leur plus grande baſſeſſe.

Au Meridien eſt attaché un grand cercle FG qui repréſente notre Horiſon, qui approche du Pole boréal plus d'un côté que de l'autre. Le point de ce cercle le plus proche du Pole boréal, eſt celui du Septentrion, & le plus

Avant 1699. N°. 44. éloigné est celui du Midi : & lorsque le point du Midi est tourné vers Nous, le demi-cercle qui est à notre gauche est l'Oriental, d'où les Etoiles se levent ; & celui qui est à droite est l'Occidental, où elles se couchent. Les heures qui sont du côté d'Orient sont celles du matin; & celles qui sont du côté d'Occident sont celles du soir. Ainsi le point des XII heures le plus proche de l'Horison est le Midi, & le point des XII heures opposées est le minuit.

La plaque ou feuille supérieure qui est placée entre l'inférieure & l'Horison, contient toutes les constellations visibles dans notre climat, & dans tous les autres plus septentrionaux ; c'est-à-dire, toutes celles de l'hemisphére boreal, & celles qui sont jusqu'à 41 degrés de distance de l'Equinoctial dans l'hemisphére austral.

L'Ecliptique qui est le cercle que le Soleil décrit par son mouvement annuel, y est décrit entre les deux tropiques, & divisé en 12 signes, & chaque signe est divisé en 30 degrés, & marqué par son caractére ♈ ♉ ♊, &c.

La circonférence de la feuille mobile est divisée par les mois, & par les jours de l'année, pour montrer les degrés ausquels le Soleil se rapporte tous les jours de l'année. Car ayant dressé le fil qui vient du centre à une de ces divisions, qui marque tel jour qu'il vous plaira, le point où ce fil coupe l'Ecliptique est le lieu où le Soleil se trouve ce jour-là.

Et ayant appliqué la division de tel jour à telle heure & telle minute qu'il vous plaira, vous avez la constitution du Ciel à tel jour & à telle heure.

Alors les Etoiles comprises dans le cercle de l'Horison sont celles qui sont sur la Terre ; celles qui sont hors de ce cercle sont sous Terre, celles qui se rencontrent dans le demi-cercle oriental se levent, celles qui sont sous le Meridien entre le Pole apparent & le point le plus éloigné de l'Horison, sont à leur plus grande hauteur, & celles qui sont sous le Meridien entre le Pole apparent, & le point le plus proche sont à leur plus grande bassesse; & celles qui se rencontrent alors dans le demi-cercle occidental se couchent. Le point du lever ou du coucher se doit prendre dans la circonférence intérieure de l'Horison.

Les Etoiles qui ne sont pas plus éloignées de notre Pole que le point le plus proche de l'Horison, sont celles qui ne se couchent point, mais font toute leur révolution sur Terre, & celles qui sont plus éloignées du Pole que le point le plus éloigné de l'Horison ne se levent point, mais font leur révolution sous Terre; c'est pourquoi elles ne sont pas placées dans ce Planisphére, qui est fait principalement pour notre climat, quoiqu'on s'en puisse servir pour les autres par la seule variation de l'Horison.

USAGES.

I.

Pour trouver l'état du Ciel à tel jour & à telle heure qu'on veut.

On cherche dans la circonference mobile le mois & le jour proposé, on la fait tourner ensuite jusqu'à ce que ce jour se rencontre vis-à-vis de l'heure, & de la minute proposée, & on l'arrête en telle situation, qui est celle qu'on demande. On voit donc ainsi quelles Etoiles sont sur notre Horison, quelles se levent, quelles se couchent, & quelles sont au milieu du Ciel à l'instant proposé.

II.

Pour apprendre à connoître les Astres.

Mettez le Planisphére selon la constitution du Ciel au jour & à l'heure que vous voulez observer, & en l'arrêtant

Avant 1699. N°. 44.

en cette ſituation, tournez-vous vers les ſept Etoiles de la grande Ourſe, qui ſont toûjours ſur notre Horiſon, & ſont connuës de tout le monde par la figure qu'elles forment d'un chariot, & mettez devant vous le Planiſphére, enſorte que la ſituation de la grande Ourſe du Planiſphére à votre égard, imite celle du Ciel. Vous comparerez enſuite dans le Planiſphére les Etoiles de la grande Ourſe à celles qui ſont alentour; & vous obſerverez celles qui dans le Ciel ont aux mêmes Etoiles une ſituation ſemblable. Vous verrez par exemple dans le Planiſphére que l'Etoile polaire eſt à peu près dans une ligne droite tirée par les deux précédentes dans le quarré de la grande Ourſe: Tirez donc par l'imagination une ligne droite par les deux Etoiles du quarré de la grande Ourſe que vous verrez dans le Ciel, & vous trouverez l'Etoile polaire. De la même maniére vous trouverez les autres Etoiles qui vous ſont inconnuës, par le moyen de la ſituation qu'elles ont à l'égard des Etoiles connuës, conférant les Etoiles du Planiſphére à celles du Ciel.

III.

Pour ſçavoir à quelle heure; & à quelle minute une certaine Etoile ſe leve, ou ſe couche, ou ſe trouve au milieu du Ciel à un jour propoſé.

Il faut tourner la circonférence mobile juſqu'à ce que l'Etoile propoſée tombe ſous l'Horiſon oriental, ou ſous le Meridien, & on trouvera dans le bord immobile du Planiſphére l'heure qu'on demande vis-à-vis du jour propoſé, cherché dans la circonférence mobile.

IV.

Avant 1699. N° 44.

IV.

Pour trouver l'heure du lever & du coucher du Soleil à tel jour de l'année qu'on veut.

On prend le fil qui est attaché au centre du Planisphére, & on le porte au jour proposé dans la circonférence mobile : ce fil étant bien tendu coupera l'Ecliptique dans l'endroit où le Soleil se trouve ce jour-là, & mettant ce point de l'intersection à l'Horison oriental ou occidental, on trouvera l'heure du lever, ou du coucher du Soleil vis-à-vis du jour proposé dans le bord extérieur du Planisphére. Par le tems du lever & du coucher du Soleil, on trouvera la grandeur du jour & de la nuit en tout le tems de l'année.

V.

Pour trouver le jour que le Soleil passe par le Meridien avec une Etoile fixe.

On n'a qu'à faire passer le fil qui vient du centre par l'Etoile fixe proposée, & le jour qui sera marqué par le fil dans la circonférence de la feuille supérieure sera celui qu'on cherche.

VI.

Pour trouver le jour auquel une Etoile fixe se leve, ou se couche avec le Soleil.

Il faut tourner la feuille mobile jusqu'à ce que l'Etoile proposée arrive à l'Horison oriental, ou occidental, & observer le point où l'Ecliptique est coupée par le même demi-cercle de l'Horison, & par ce point faire passer le fil qui part du centre, lequel marquera dans la circonférence mobile le jour qu'on cherche.

Avant 1699. N°. 44.

VII.

Pour trouver le jour auquel une Etoile se leve lorsque le Soleil se couche.

Il faut tourner la feuille mobile jusqu'à ce que l'Etoile arrive à l'Horison oriental, & observer le point où l'Horison occidental coupe l'Ecliptique, le fil passant par ce point montrera dans la circonférence le jour qu'on demande.

VIII.

Pour trouver le jour auquel une Etoile se couche lorsque le Soleil se leve.

On mettra l'Etoile à l'Horison occidental, & on observera le point où l'Ecliptique est coupée par l'Horison oriental, & on achevera cette opération comme la précedente.

IX.

Pour trouver le jour qu'une Etoile se leve, ou se couche, sur le midi, ou sur le minuit.

Mettez l'Etoile à l'Horison oriental, ou occidental, & voyez quel jour se rencontre alors au Meridien de midi, ou de minuit, & c'est celui qu'on cherche.

X.

Pour trouver la difference du tems entre le lever d'une Etoile, & de l'autre.

Observez le jour qui se trouve au Meridien lorsque

l'Etoile précédente est à l'Horison, & ayant fait tourner la circonférence mobile jusqu'à ce que l'Etoile suivante y arrive, le jour observé marquera le tems écoulé entre le passage de l'une & de l'autre.

Par la même méthode on trouvera la difference entre le coucher d'une Etoile & de l'autre, entre les passages de deux Etoiles par le Meridien, & entre le lever de l'une, & le coucher d'une autre; & par conséquent les Astrologues pourront faire facilement les directions de l'ascendant, & du milieu du Ciel, qui ne consistent que dans l'intervalle de tems qu'une Etoile arrive à un de ces cercles après un principe déterminé.

XI.

Pour connoître dans le Ciel le Pole boréal.

Voyez dans le Planisphére la configuration que le Pole fait avec les deux derniéres Etoiles de la queuë de la petite Ourse, qui est un triangle scalene dont le plus grand côté est la distance de ces deux Etoiles, le plus petit est la distance de l'Etoile polaire au Pole; cherchez dans le Ciel un point imaginaire qui fasse une configuration semblable avec ces deux Etoiles: & ce point-là est le Pole boréal.

XII.

Pour connoître l'heure pendant la nuit.

Tournez-vous vers le Pole boréal, & ayant à la main un fil auquel soit attaché un poids, éloignez-le de vous, de sorte qu'il vous couvre le Pole, qui vous sera connu par la pratique précédente, & voyez quelles Etoiles se rencontrent dans ce fil au-dessous du Pole; cherchez ces mêmes Etoiles dans le Planisphére, & tournez la feuille supérieure, de sorte que ces Etoiles se rencontrent dans la Méridienne,

Avant 1699. N° 44.

comme dans le Ciel, & le jour du mois cherché dans la circonférence mobile du Planisphére vous montrera vis-à-vis dans le cercle extérieur l'heure, & la minute qu'il est à cet instant. Si l'on attache le fil à une muraille, ou à une fenêtre, l'observation sera plus exacte. On peut aussi par cette méthode tracer la Meridienne sur la Terre, en marquant les points que ce fil couvre à l'œil sur la Terre, en même tems qu'on le voit passer sur le Pole.

XIII.

Pour prendre les hauteurs apparentes du Soleil & des Astres.

Attachez un plomb au fil qui vient du centre, & mettez deux aiguilles aux points opposés de 90 & 270 degrés dans le bord extérieur du Planiphére, pour servir de pinnules: & pour prendre la hauteur du Soleil, tournez le Planisphére de sorte que l'aiguille qui est au point de 270 fasse tomber sur celle qui est au point de 90, le fil vous marquera les degrés de la hauteur du Soleil dans la circonference extérieure, selon les nombres qui y sont marqués de 15 en 15.

Pour avoir la hauteur des Etoiles, regardez l'Etoile par les deux pinnules, approchant de l'œil celle qui est au point de 90, & le fil vous montrera la hauteur de l'Astre.

Le complement de la hauteur à 90 degrés est la distance au Zenith.

XIV.

Trouver l'heure du jour & de la nuit par les hauteurs du Soleil & des Astres.

Dans le diametre qui passe par le point d'Aries, qui représente le colure des Equinoxes divisé par degrés inégaux, cherchez le point où termine la hauteur du Pole, qui est à Paris de 49 degrés, & comptez depuis ce point de côté, & d'autre les degrés de la distance au Zenith observée par la pratique précédente, observant les deux termes de la numeration. Divisez avec un compas la distance de ces deux termes en deux parties égales, & le point de la division mené au fil d'argent qui marque le Meridien, vous marquera le centre du cercle parallele à l'horison où l'astre se trouve à tel instant, mettez une pointe du compas au centre trouvé sur le fil d'argent, & tournez en même tems l'autre jambe du compas, & la feuille mobile du côté d'Orient ou d'Occident, selon que le Soleil ou l'astre est dans la partie mobile orientale ou occidentale, jusqu'à ce que la pointe du compas trouve l'Etoile, ou le point du Zodiaque où le Soleil se trouve alors; le jour du mois courant cherché dans la feuille mobile vous montrera vis-à-vis l'heure & la minute dans la circonférence immobile. Cette méthode est universelle pour tous les climats, & pour toutes les hauteurs des Etoiles ausquelles ce Planisphére se peut étendre.

Avant 1699. N°. 44.

XV.

Pour déterminer le tems des Equinoxes.

La circonférence de la plaque immobile qui marque les heures est divisée en 33 parties égales marquées par de petits chiffres qui montrent le commencement & la fin de diverses années solaires.

Dans une année solaire, pendant que le Soleil parcourt le Zodiaque par son mouvement propre d'Occident en Orient, la feuille mobile qui porte les constellations fait 366 révolutions vers l'Occident, & un peu moins d'un quart d'une autre révolution: & le Soleil, à cause de la révolution qu'il fait en même tems vers l'Orient, fait une révolution de moins vers l'Occident; c'est-à-dire, 365, qui qui est le nombre des jours entiers de l'année, & de plus

Avant 1699. N°. 44.

cette même partie. Ayant donc supposé un Equinoxe de Printems sur le midi, l'Equinoxe suivant après 365 jours arrivera un peu avant 6 heures du soir; c'est-à-dire à 5^{h}. 49^{m}. une onziéme, où est le petit chiffre 1. Ainsi à la fin de la seconde année l'Equinoxe arrivera après 365 jours au point 2, un peu avant 12 heures après midi, jusqu'à ce que la 33 année l'Equinoxe arrive de nouveau au point de midi après avoir fait 8 révolutions outre les ordinaires. L'année 1679. l'Equinoxe du Printems arriva ici environ sur le midi du 20ᵉ Mars: ainsi l'année suivante 1680 Bissextile il arriva le 19ᵉ de Mars à cause du jour ajoûté à Février un peu avant 6 heures vers le petit chiffre 1, & cette année 1681. il a été le 19 de Mars vers le petit chiffre 2, & ainsi de suite jusqu'à 33 années. La somme des heures qui excéde 24 le fait passer du 19 au 20, & le jour qu'on ajoûte à l'année bissextile le fait passer du 20 au 19.

AVERTISSEMENT.

Les divisions des jours dans le bord de la feuille mobile représentent les points ausquels le Soleil se rapporte sur le Midi de l'année 1681. Pour les avoir plus exactement aux autres heures du jour, il faut s'imaginer l'intervalle entre une division, & l'autre divisé en 24 parties égales, & prendre deçà ou delà de la division autant de ces parties qu'il y a d'heures avant ou après midi du même jour. Les années suivantes, les divisions se rapportent à une autre heure du jour qui varie à peu près selon la variation des Equinoxes, qui d'une année à l'autre retardent de cinq heures & 49 minutes, c'est-à-dire, presque de six heures; & la quatriéme année, à cause de l'addition d'un jour qu'on fait à la bissextile à la fin de Février, elles retournent à peu près au même endroit.

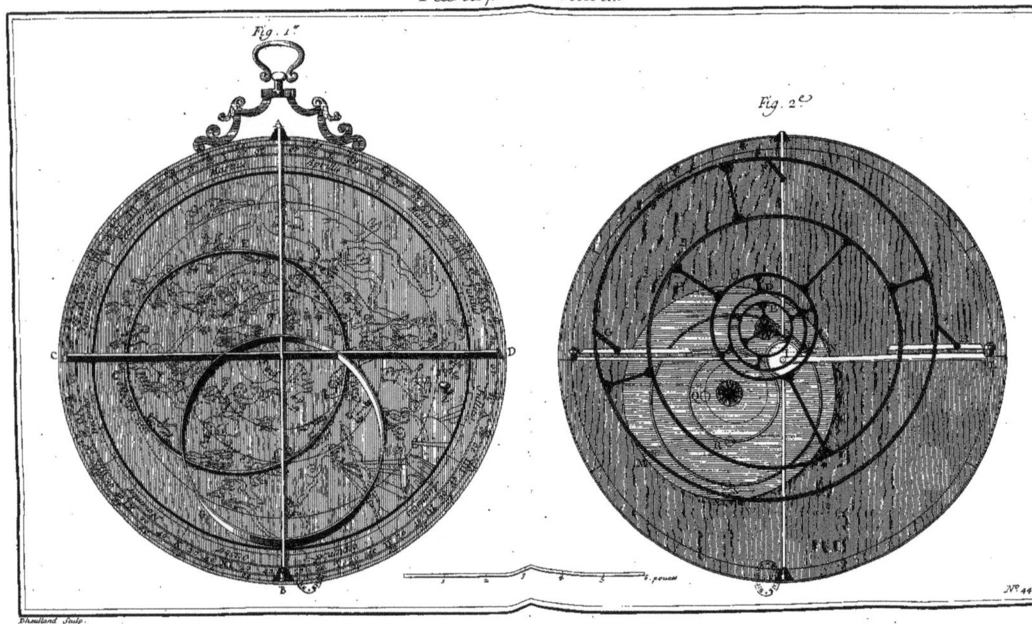
Planisphere Celeste
Fig. 1re
Fig. 2e
A
B
C
D
6 pouces
N° 44.
Dheulland Sculp.

BALANCE ARITHMETIQUE, INVENTÉE PAR M. CASSINI, DE L'ACADEMIE ROYALE DES SCIENCES.

CETTE Balance est un peson à fleau; c'est une verge AB suspenduë en son milieu C à un crochet fixe : elle est divisée dans toute sa longueur en parties égales, à commencer au point de suspension, où est marqué O, en allant de part & d'autre vers A & vers B.

Avant 1699. N°. 45.

Cette Balance sert à connoître le poids, & le prix des marchandises.

Lorsqu'on veut les peser on les suspend à l'un des bras le plus près qu'il est possible du point de suspension ou du point C, & faisant couler sur l'autre bras un contrepoids d'une pesanteur connuë, le point de la division auquel ce contrepoids tiendra le bras en équilibre indiquera le poids de la marchandise, comme dans les pesons ordinaires. Pour cet usage il faut que la verge soit simplement suspenduë par un axe, & qu'il n'y ait point de coulant comme dans cette Figure au point C, afin de pouvoir approcher ce que l'on veut peser le plus près qu'il est possible du point de suspension.

Avant 1699. N°. 45.

Pour connoître le prix des marchandiſes par le moyen de cette Balance, lorſque le prix d'une unité de cette eſpéce ſera connu, on mettra la marchandiſe ſoûtenuë par un cordon comme en D ſur la diviſion d'un des bras, qui ſera l'expoſant du prix de la marchandiſe. Par exemple, ſi ce ſont des livres que l'on peſe, & que le prix de chaque livre ſoit de 15 ſols, il faudra ſuſpendre la marchandiſe au point de la Balance marqué 15. on fera couler enſuite le contre-poids (qui doit être en ce cas d'une livre) ſur l'autre bras, juſqu'à ce qu'il ſoit en équilibre avec ce que l'on veut peſer : le point où cet équilibre ſe trouvera, indiquera le prix de la marchandiſe peſée. Ainſi ſi le contre-poids eſt en équilibre à la diviſion 45, la marchandiſe peſée vaut 45 ſols.

Si l'on ſe ſert pour ſuſpendre la marchandiſe d'un vaiſſeau quelconque avec un crochet, il faut que ce vaiſſeau & ſon crochet ſoient d'un poids connu, & dans les opérations qu'on fera, ſoit pour peſer, ſoit pour ſçavoir le prix, on défalquera ce poids connu.

MACHINE

Balance Arithmetique

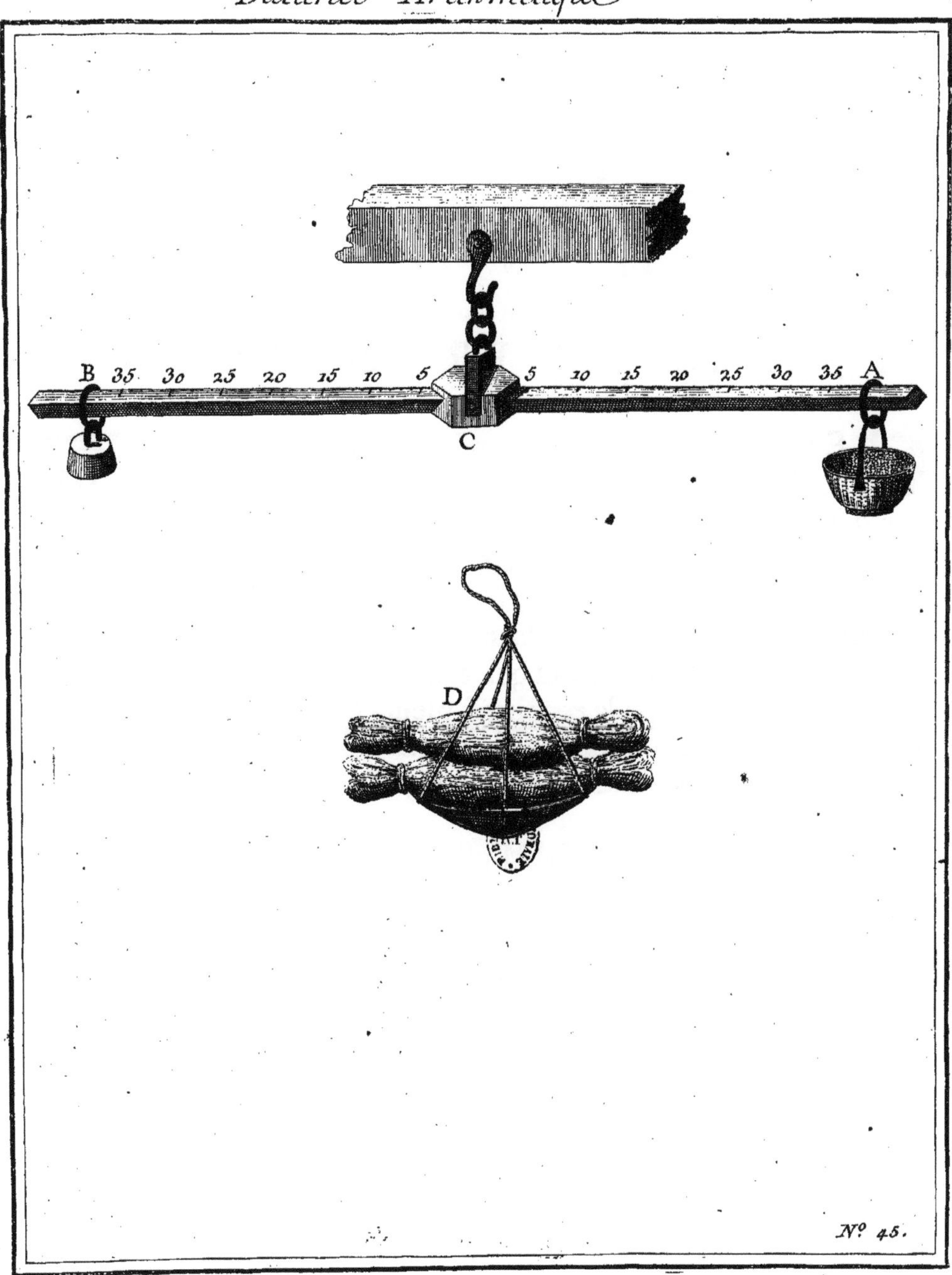

Dheulland Sculp

MACHINE HYDRAULIQUE, INVENTÉE PAR M. DE FRANCINI.

CETTE Machine eſt compoſée de deux chaînes faites de petites barres de fér ou de cuivre jointes enſemble par des charniéres ; à ces chaînes ſont attachés des godets qui forment deux chapelets d'inégale grandeur, & de differente figure. Ceux du grand chapelet GGNN ſont ouverts, & plus larges par le haut que par le bas, afin qu'ils reçoivent plus aiſément l'eau qui tombe de la cuvette B ; & lorſque le godet qui la reçoit eſt plein, & que l'eau s'en va par-deſſus, elle tombe dans le godet qui eſt au-deſſous, & de celui-ci dans l'autre, qui eſt plus bas, & ainſi des autres. Avant 1699. N°. 46.

Le ſecond chapelet FFMM eſt plus court que l'autre ; & les godets qu'il porte ne ſont ouverts que par un petit goulet aſſez étroit placé au bas de chaque godet.

Ces deux chapelets ſont poſés ſur le tambour E, qui a deux raînures à l'endroit des chaînes, afin que les chapelets ne gliſſent pas. Ce tambour eſt à pans, & la largeur de chaque pan eſt égale à la longueur des barres qui compoſent les chaînes, ce qui fait que lorſque le tambour, ou l'un des chapelets tourne, l'autre chapelet tourne auſſi. On ajoûte auſſi à l'extrémité de l'axe du tambour un volant ou

Avant 1699. N°. 46.

délay PR pour entretenir le mouvement du tambour & des chapelets dans une égalité qui eſt néceſſaire pour la perfection de la Machine.

Le tambour chargé de ſes deux chapelets, & poſé ſur un puits, & élevé à la hauteur à laquelle l'eau doit monter; le grand chapelet deſcend juſqu'au fonds du puits, & le petit ne va que juſques dans la cuvette B, placée un peu au-deſſus du rez de chauſſee.

On ſuppoſe que l'eau qui doit être élevée ſoit vive; c'eſt-à-dire que ſon cours ſoit continuel, afin que le mouvement de la Machine le ſoit auſſi. Il faut de plus que le puits ait une profondeur conſidérable, & que l'eau puiſſe deſcendre beaucoup plus bas que le rez de chauſſée ſur lequel elle coule.

Cela ſuppoſé, pour faire jouer la Machine, l'eau doit être conduite dans le baſſin X dans lequel on veut faire le jet d'eau, afin que de-là elle coule par le tuyau AA dans la cuvette B: cette cuvette étant pleine, l'eau ſe décharge dans les godets du grand chapelet comme dans le godet C, de-là dans le godet D, & enſuite dans les autres. Ainſi les godets du grand chapelet depuis le godet C juſqu'en-bas étant pleins, & tous les autres étant vuides, ce côté du chapelet étant plus chargé emportera l'autre par ſon poids, & faiſant tourner le tambour E, élevera les godets du petit chapelet qui ſont plongés dans la cuvette B, & qui s'y ſont emplis de l'eau reçuë par le tuyau AA.

Par ce mouvement du tambour tous les godets du grand chapelet viennent ſucceſſivement ſe préſenter & s'emplir à l'eau de la cuvette B; mais lorſqu'ils ſont arrivés au fonds du puits, ils ſe vuident à cauſe que là ils ſont renverſés en paſſant d'un côté du chapelet à l'autre: le côté du grand chapelet qui ſe préſente à la cuvette, eſt donc toûjours plus peſant que l'autre, & ainſi la Machine tournera toûjours.

Mais les godets F s'empliſſent dans la cuvette B par le goulet qui eſt à l'un de leurs fonds; & ce goulet qui ſe trouve en-bas lorſqu'ils deſcendent, ſe trouve en-haut du godet lorſqu'ils remontent, & par conſéquent l'eau y eſt retenuë: mais après qu'ils ont paſſé ſur la moitié du tambour E, ce goulet revient en-bas, & l'eau de chaque godet ſe vuide dans une autre cuvette, d'où elle eſt conduite par un tuyau LLL dans le baſſin X, & y forme le jet.

Il faut ſeulement que la cuvette B ſoit aſſez profonde, & toûjours pleine d'eau, afin que les godets F ayent le tems de s'y emplir.

On voit auſſi qu'il faut que l'eau qui coule dans le baſſin X ſoit perpetuelle, parce qu'une partie de cette eau coulant de la cuvette B dans les godets C, ſe perd au fond du puits.

La differente proportion de la longueur qu'on donnera au grand chapelet, & à la grandeur de ſes godets, fera monter l'eau plus ou moins haut, en plus grande ou en plus petite quantité. Si les godets des deux chapelets ſont d'égale capacité, & que le grand deſcende au-deſſous du rez de chauſſée, un peu plus bas que le petit ne monte au-deſſus, il montera autant d'eau par le petit chapelet qu'il s'en perdra dans le puits par le grand, & l'eau ſera élevée un peu moins haut que le puits n'eſt profond; mais ſi l'on diminuë la longueur du petit chapelet, on pourra augmenter à proportion la capacité de ſes godets; ce qui lui fera élever une plus grande quantité d'eau, mais à une moindre hauteur; & ſi l'on veut élever l'eau beaucoup plus haut, il n'y a qu'à augmenter la longueur du petit chapelet, & diminuer la grandeur ou capacité de ſes godets: mais il faut qu'il y ait toûjours la même proportion de ſa longueur à la grandeur de ſes godets, afin que l'eau montée par ce chapelet ſoit moins peſante que celle qui eſt deſcenduë par le grand.

Ainſi pour élever l'eau dix fois plus haut que le puits où le chapelet entre n'a de profondeur, il n'y a qu'à faire les godets du petit chapelet dix fois plus petits que ceux du

Avant 1699. N°. 46.

grand, & les chapelets étant alongés, élever le tambour suivant la même proportion. Par exemple, le puits n'ayant que 5 pieds de profondeur, on pourra élever l'eau à près de 58 pieds; mais le jet ne donnera que la dixiéme partie de l'eau courante.

Au contraire pour multiplier l'eau, ensorte qu'une fontaine en fournisse dix fois plus qu'elle n'en reçoit, on n'a qu'à faire les godets du grand chapelet dix fois plus petits que ceux de l'autre, par-là avec un pouce d'eau, on aura une fontaine ou jet d'eau qui fournira 10 pouces : mais ce jet n'ira qu'à 10 pieds de hauteur, en cas que le puits ait 50 pieds de profondeur.

Cette Machine présentée en 1668 à l'Académie, fut exécutée ensuite par ordre de M. Colbert dans le Jardin de l'ancienne Bibliothéque du Roi.

Machine Hydraulique.

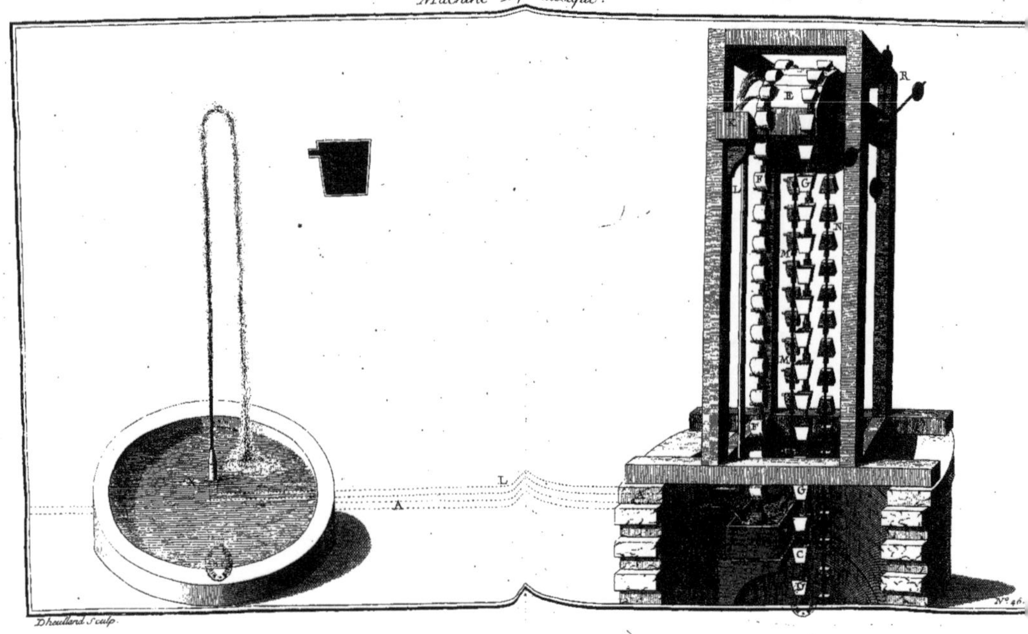

Dheulland Sculp.

RECUEIL
DES MACHINES
APPROUVÉES
PAR L'ACADÉMIE ROYALE
DES SCIENCES.

ANNÉE 1699.

MACHINE OU POMPE

POUR

ELEVER L'EAU DANS LES INCENDIES,

PROPOSÉE

PAR UN ARMURIER DE SEMUR

EN AUXOIS.

AB est une cuve de bois ou de cuivre, qui contient une Pompe aspirante & foulante C, garnie de son piston. Le corps de cette Pompe est élevé un peu au-dessus du fond de la cuve, & est fermement attaché à cet endroit par des vis; au fond du corps de Pompe est une soupape à charniére, & au-dessus de cette même soupape il y a un tuyau de communication E avec le récipient KD, qui ne paroît dans cette Figure que ponctué. A ce récipient est adapté un tuyau FGHIL, qui sert de conduite à l'eau comprimée : ce tuyau qui est formé par deux emboîtures HI est garni d'une clef G, qui sert à boucher le passage à l'eau, lorsqu'il est nécessaire; l'emboîture H est telle, que le tuyau entier HIL peut tourner autour du point H, & se mouvoir horisontalement. Par une semblable construction de l'emboîture I, le tuyau IL peut tourner autour du point I, & se mouvoir verticalement, d'où il suit que l'extrémité L du tuyau de conduite peut être dirigée où l'on veut.

1699. N°. 47. & 48.

PLANCHE I. FIG. I.

1699. N°. 47. & 48. Deux leviers recourbés OSP, NSM, mobiles aux points O, N, tiennent à la tige S du piston, & servent à le faire mouvoir ; ces mêmes leviers sont toûjours appliqués contre les montans OV, XN, par le moyen de deux lames de fer telles que OT, qui y sont adaptées, & entre lesquelles ces leviers se meuvent toûjours dans un plan vertical. Le robinet R sert à vuider la cuve après que la Machine a travaillé.

Quand on veut se servir de cette Machine on jette de l'eau dans la cuve, & on agite les leviers. Or ces leviers étant élevés & abaissés ensemble, élevent & abaissent aussi le piston qui tient au point S ; ainsi la pompe aspirera & refoulera alternativement l'eau dans le récipient KD, & de ce récipient dans la conduite F. A la compression du piston par le moyen des leviers, se joint encore la pression de l'air qui se trouve renfermé dans l'intérieur du récipient. Par ces deux forces jointes l'eau sera chassée avec impetuosité, & montera à une grande hauteur.

Cette Machine est montée sur quatre rouës pour en rendre le transport facile, d'où l'on peut conclure qu'elle doit être d'une grandeur qui pourroit en borner l'usage ; en ce cas elle ne sçauroit être préférée à celles dont on se sert à Paris, qui n'ont environ que 16 pouces de haut sur 20 pouces de long, & qui deviennent par ce moyen très-commodes pour être portées jusques dans des greniers.

La Mécanique de celle-ci est presque la même : elle n'en differe qu'en ce que les Machines ordinaires sont composées de deux corps de Pompes, & d'un récipient entre deux. La maniére d'y fournir de l'eau est aussi differente. Quant à l'application des leviers, elle se trouve dans celle-ci meilleure que dans les autres ; les leviers étant oposés tiennent toûjours le piston à peu près parallele au corps de Pompe, ce qui supprime ici davantage le frottement oblique du piston contre le paroi intérieur de la Pompe.

EXPLICATION

EXPLICATION DES PLAN & Profil.

1699. N°. 47. & 48.

PLANCHE II.

AB	Cuve.
C	Corps de Pompe.
D	Récipient où l'eau est comprimée.
E	Tuyau de communication entre le corps de Pompe & le Récipient.
FH	Tuyau montant pour le jet de l'eau.
G	Clef pour fermer le passage à l'eau.
MX,PV	Les deux Leviers.
R	Robinet pour vuider la Cuve.

Pompe pour eteindre les Incendies.

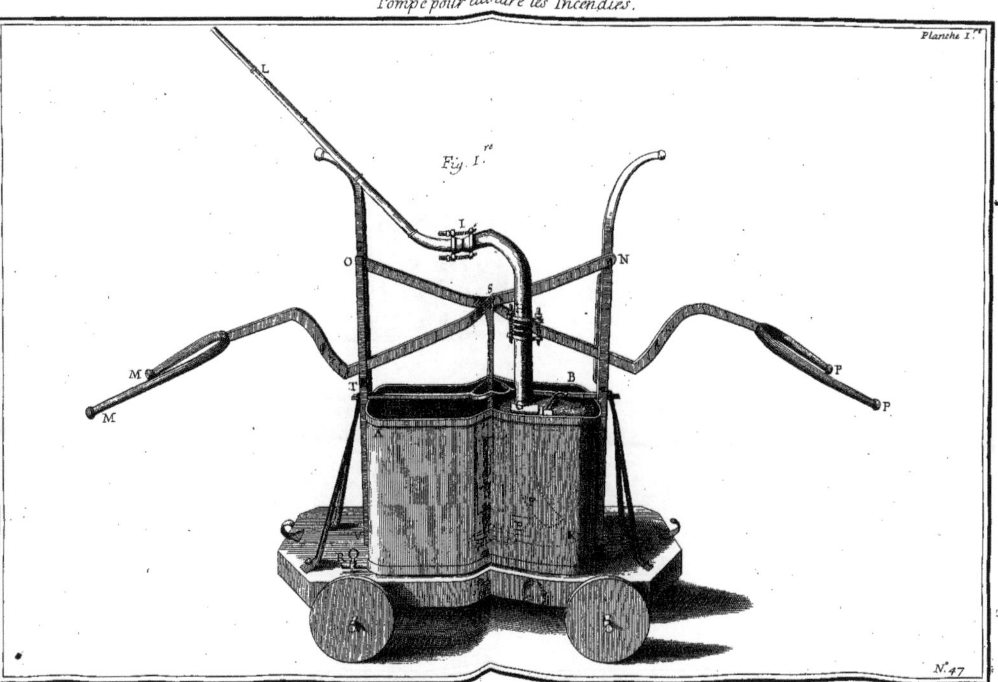

Plan et Profil de la Pompe pour éteindre les Incendies.

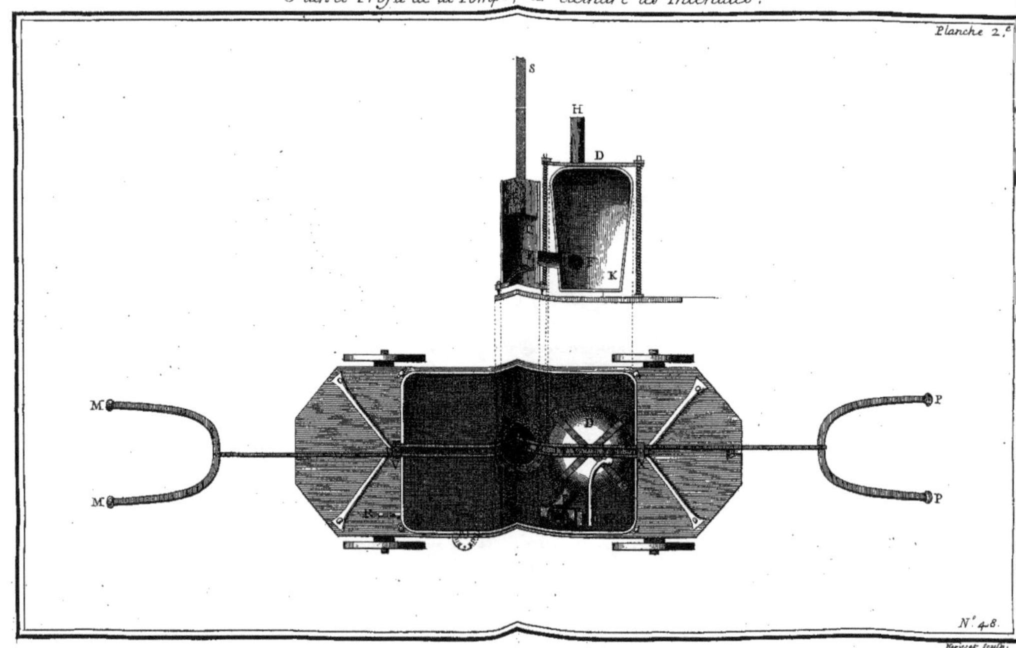

MACHINE

POUR TAILLER

PLUSIEURS LIMES

A LA FOIS,

INVENTÉE

PAR M. DU VERGER.

AB est un établi construit sur le bord d'une riviére ou ruisseau : à l'extrémité A sont solidement assemblés deux montans CD, qui servent à porter un arbre ED garni de mentonets III, & d'une rouë de moulin FG, que l'on présente au courant. Ces mentonets sont au nombre de quatre autour de la circonférence, & trois sur la longueur, qui répondent à un égal nombre de marteaux MMM, dont le centre de mouvement est sur un même axe LN. A l'extrémité O de l'arbre sont quatre palettes disposées de maniére que quand une rangée des mentonets qui sont sur l'arbre a fait frapper les marteaux, une de ces palettes rencontre une des dents du rochet R, qu'elle fait tourner.

1699.
N°. 49.
FIG. I.

1699. No. 49.

Au centre de ce rochet (qui eſt retenu par un cliquet S) eſt adapté un cylindre ſur lequel roule une corde qui vient d'un 2e cylindre TV, ſur lequel cette corde eſt pareillement roulée, mais d'un ſens contraire au premier; au milieu X de ce cylindre eſt une ſeconde corde qui tient à la piéce YZ, qui porte & renferme les limes : cette piéce ou aſſiſe peut ſe mouvoir librement ſur l'établi, quoique retenuë à ſon extrémité Z par un poids qui la contretient. Dans le milieu de l'établi, eſt élevée une planche W poſée en travers, & percée d'autant de trous quarrés que l'on veut faire travailler de ciſeaux : ces ciſeaux ſe placent dans ces ouvertures, & ſont ſoûtenus un peu au-deſſus de la lime par le moyen d'un reſſort *a* attaché ſur la planche, & arcbouté contre une fiche qui eſt au manche du même ciſeau.

Par cette conſtruction il eſt évident que lorſqu'un des Fig. II. mentonets I viendra à rencontrer le marteau M qui lui répond, ce marteau mobile ſur le point L ſera élevé par le mentonet, qui échapera enſuite, & le marteau retombant frappera ſur la tête du ciſeau. Par cette percuſſion il fera une taille ſur la lime, après quoi le reſſort *a* éleve le ciſeau, qui par ce moyen donne la liberté à la lime de s'avancer, ce qui ſe fait à la rencontre de la palette O ſur une des dents du rochet : ce rochet en circulant cüeille ſur ſon arbre la corde R, qui en ſe développant de deſſus ſon cylindre TXV, tire néceſſairement la deuxiéme corde XY; & comme cette corde ſe roule ſur le cylindre, il s'enſuit que l'aſſiſe des limes avancera à chaque tirage qui ſe fera ſur le cylindre T; la groſſeur de ce cylindre déterminera la qualité de la lime, c'eſt-à-dire, que ſelon ſon diametre l'aſſiſe fera plus ou moins de chemin, par conſéquent les limes ſeront plus ou moins groſſes.

L'on pourra donc par le moyen de cette Machine adapter autant de mentonets que l'on voudra tailler de limes. Si cependant le nombre devenant conſidérable, &

par conséquent que l'établi fût trop large, il faudroit que ce cylindre tirât l'assise des limes en plus d'un point, & que ce même cylindre, qui n'est ici soûtenu que par deux colets, fût en ce cas assujéti par plusieurs; sans cela le poids qui contient les limes à l'extrémité opposée, seroit capable de le faire rompre, ou du moins le faucer, ce qui seroit un tirage inégal, & par conséquent de fort mauvaises limes.

1699. N°. 49.

Machine pour tailler plusieurs Limes a la fois.

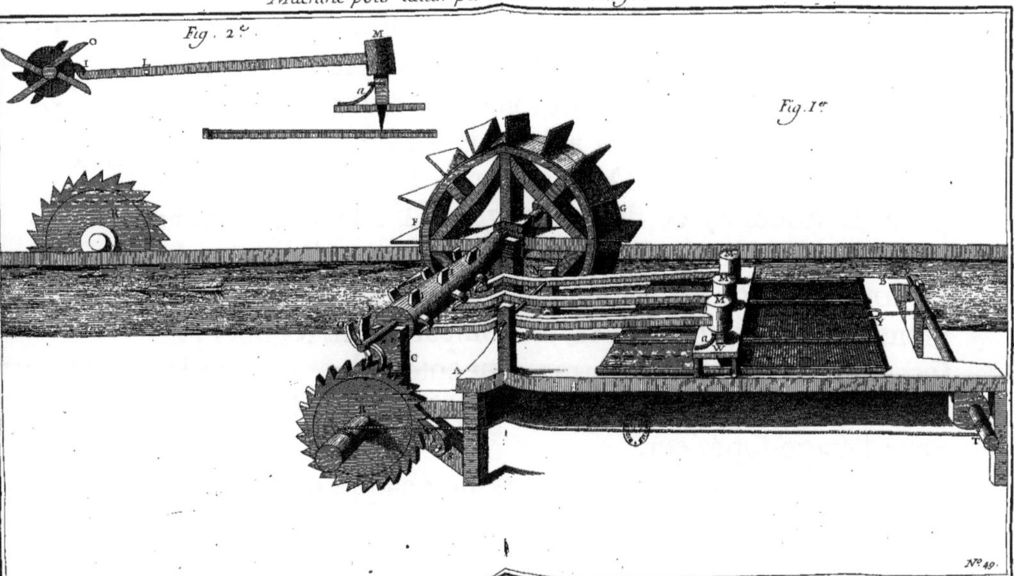

VOUTE PLATE

INVENTÉE

PAR M. ABEILLE.

CETTE Voute est de niveau, tant à son parement de douelle, qu'à celui de l'extrados; les clavaux qui la composent sont tous semblables, & n'ont que six faces ou panneaux, ainsi qu'un aube; ils forment des quarrés parfaits comme ABCD dans toute l'étenduë du parement de douelle, & des rectangles EFGH au parement de l'extrados; les quarrés à la douelle sont d'alignement en tous sens, & les rectangles à l'extrados font avec de petits quarreaux entremêlés, un compartiment régulier, de sorte que cette Voute forme tout ensemble, & un plafond ABIKL, pour l'étage inférieur, & un pavé EFMNO, pour l'étage supérieur.

1699. No. 50. FIG. I. II.

Les quatre panneaux de joints de chaque clavaux sont en coupe; il y en a deux qui sont inclinés en talus PP, deux qui sont en saillie depuis les côtés du quarré de douelle QQ.

Le quarré du parement de douelle des clavaux étant déterminé à une certaine grandeur, l'épaisseur de ces clavaux aura les trois quarts de la longueur du côté de ce quarré, & la coupe des panneaux des joints sera d'un tiers de cette épaisseur, soit aux panneaux en talus, soit aux panneaux en saillie; ce qui donnera des angles égaux pris

les uns depuis le parement du quarré de douelle, & les
1699. autres depuis le parement d'extrados alternativement.
N°. 50. La longueur & la largeur du rectangle du parement de l'extrados seront déterminées par ces coupes; son grand côté étant plus grand que le quarré de douelle des deux tiers de l'épaisseur des clavaux, & son petit côté où la largeur étant moindre que le même quarré des mêmes deux tiers de cette épaisseur, de sorte que chaque petit côté du rectangle sera en saillie d'un tiers de cette épaisseur au-delà de l'aplomb du côté du quarré de douelle correspondant, & son grand côté sera en retraite du même tiers de l'aplomb du côté du quarré qui lui répond.

Tous les clavaux de la Voute étant ainsi coupés, ils seront disposés de maniére que les panneaux de joints en saillie répondent aux panneaux de joints en talus, les quarrés de douelle se rencontrent par alignement de tous sens, ainsi qu'il a été dit. Par cet arrangement chaque
Fig. IV. clavau est porté sur deux autres par ses coupes en saillie, & en porte en même tems deux autres sur ses coupes en talus. Par exemple, le clavau R est porté par les deux autres SS; ce même clavau R en porte un comme T, & un autre à l'endroit V, ce qui étant reciproque dans toute l'étenduë de la Voute, elle se soûtient de niveau.

Fig. II. & IV. Mais par la disposition de ces clavaux leurs quarrés de douelle remplissant toute la surface du plat-fond, les rectangles de l'extrados ne remplissent pas entiérement la surface supérieure, ils laissent des vuides comme X en forme de pyramide quarrée renversée; mais loin de nuire ils donnent lieu à quelque agrément : car ces vuides formant de petits quarrés à cette surface, il sera facile de les remplir par de petits pavés de même grandeur assis sur du mortier jetté dans le fond de ces vuides, ce qui formera en tout un compartiment agréable, surtout si la pierre

pierre de ces petits pavés quarrés est de couleur differente de celle des clavaux. Il faut observer que les vuides dont on vient de parler paroissent dans cette Figure plus considérables qu'ils ne le seront dans l'exécution, en suivant pour la coupe du clavau les régles qui ont été prescrites ci-dessus. 1699. N°. 50.

Voûte Plate.

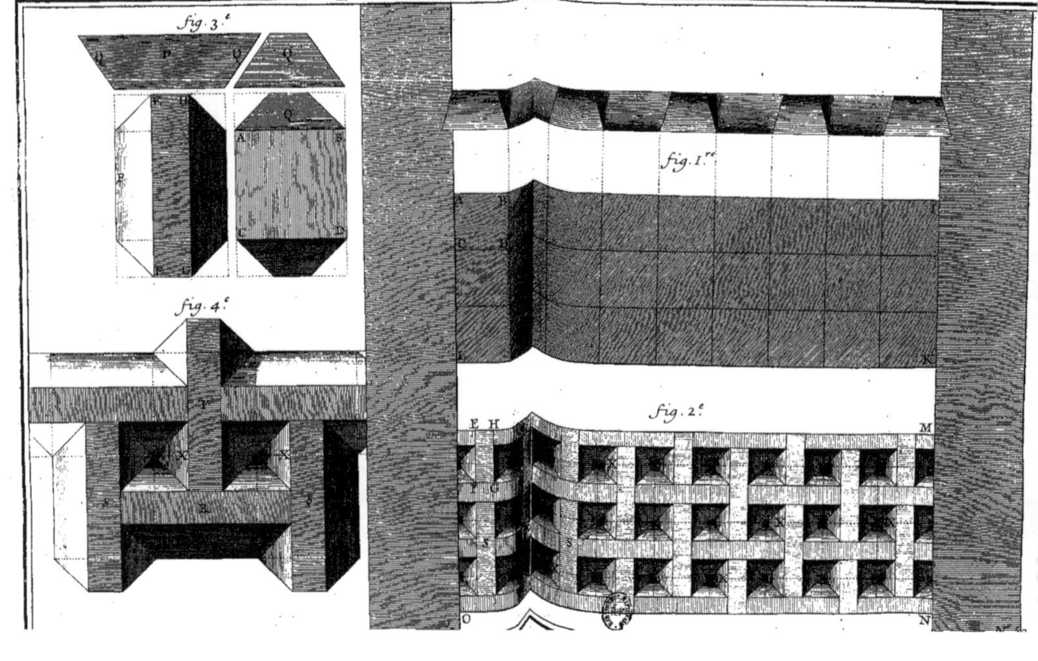

VOUTE PLATE

INVENTÉE

PAR LE PERE SEBASTIEN,

DE L'ACADEMIE ROYALE DES SCIENCES.

1699. No. 51. Fig. I. & II.

LE R. P. Sebastien Truchet, de l'Académie Royale des Sciences, voulant perfectionner cette Voute, en en a supprimé les vuides de l'extrados; pour cet effet il donne une forme convexe ABC aux panneaux de joint en saillie, & concave CDE aux panneaux en talus; cette convexité & cette concavité diminuant depuis l'arrête du parement de l'extrados jusqu'à racheter les côtés des quarrés du parement de douelle, l'angle BCD formé par l'arrête convexe, & par l'arrête concave du parement de l'extrados, rencontre l'aplomb de l'angle du quarré X du parement de douelle, & toutes les courbes convexes & concaves correspondantes dans les élemens des panneaux de joint des angles qui répondent au même aplomb, remplissent les vuides de la prémiére construction. Cette invention est très-ingenieuse, mais elle seroit peut-être difficile dans l'exécution, par la sujétion de faire remplir le concave par le convexe dans tous ses points, les courbes étant toutes differentes dans les élemens de ces panneaux de joints. D'ailleurs le plat-fond EFGH de l'appartement inférieur est semblable au plat-fond de la premiére Voute; c'est-à-dire, qu'il est formé par des quarrés parfaits : & le Fig. III.

plancher de l'étage supérieur seroit d'un parquet gracieux.
1699. Cette voute dans l'un & dans l'autre cas a cet avantage,
N°. 51. que la poussée est partagée sur les quatre murs qui la soûtiennent, au-lieu que dans les Voutes dont les clavaux sont en coupe ordinaire, la poussée ne se fait que sur deux côtés seulement.

Voûte Plate.

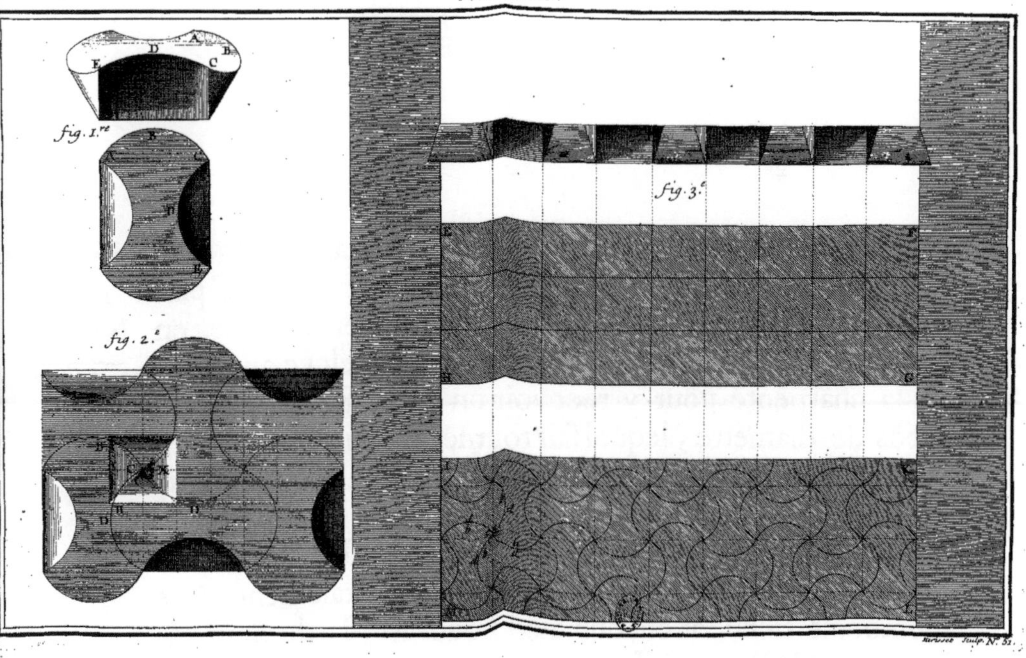

Sculp. N°. 51.

MACHINE POUR FAIRE MOUVOIR PLUSIEURS SCIES,

INVENTÉE PAR M. DU QUET.

CETTE Machine est composée d'un assemblage de charpente AB, au milieu duquel est une roüe C placée horisontalement, & qui a dix-neuf dents taillées en forme de rochet. L'arbre de cette roüe s'éleve au-dessus de la charpente pour y recevoir un levier EF de dix-huit pieds de diametre, lequel fait tourner la roüe C au moyen d'un cheval que l'on attelle à une de ses extrémités, comme F.

1699. N°. 52. Fi. I. & II.

Les dents de la roüe C rencontrent alternativement deux mentonets G, H, opposés diametralement. Ces mentonets tiennent chacun aux bouts M, I, de deux balanciers MOL, INK mobiles autour de leurs cloux NO; ces balanciers sont joints ensemble par deux courbes LPW, LRW, dont l'une est en-dessus, & l'autre en-dessous de la roüe C; ces courbes servent aux balanciers à se communiquer reciproquement le mouvement qui leur est imprimé par les dents de la roüe C à la rencontre des mentonets G, H, ce qui produit un mouvement alternatif.

1699. No. 52.

La piéce QS est fixée au balancier KI à l'endroit Q; cette piéce porte un autre balancier TV mobile autour du point X, & dont les bras sont proportionnés de maniére que l'extrémité V fait dix pouces de mouvement, qui est celui que l'on fait faire aux Scies, au moyen de la queuë V *x*, dont le bout *x* tient un chassis d'assemblage mobile sur des roulettes qui roulent toûjours dans les mêmes orniéres, de sorte que les Scies sont poussées & tirées suivant la même direction. L'on a le soin d'isoler la queuë V *x* dans une séparation de terre, que l'on couvre ensuite d'une planche qui sert pour le passage du cheval. Le chassis de son extrémité *x* est construit d'autant de montans que l'on veut faire travailler de Scies; ces montans sont fendus dans toute leur longueur, pour y porter les Scies au moyen de deux boulons à chaque Scie; ces boulons entrent dans les raînures de leurs montans, & s'y meuvent assez librement pour permettre aux Scies de descendre par leur propre poids. Cette Machine est faite pour en faire mouvoir six ou sept, ainsi qu'on le peut voir par le plan. Le mouvement alternatif des Scies se fait de la maniére suivante.

La rouë C faisant un mouvement circulaire de droite à gauche, & le mentonet G étant poussé par la dent Y, le balancier IK fera autour de son centre N le chemin I *a* d'un côté, & W *b* de l'autre: & ayant d'abord supposé le balancier TV perpendiculaire suivant la ligne T *d*, la piéce QS en C, il résulte de l'impulsion de la dent Y sur le mentonet G, que l'extrémité K du balancier LNK faisant le chemin W *b*, tire avec lui la piéce QS de C en S, d'où il suit que l'autre balancier TV étant pareillement tiré par son extrémité T, son autre bout V pousse les Scies suivant l'arc *d* V de dix pouces. Les Scies étant donc avancées de cette quantité, & le balancier KNI dans la direction *b a*, à l'échappement de la dent Y, dans le même instant la dent Z rencontre le mentonet H, & le pousse de droite à gauche; ce mentonet pousse aussi de la même maniére l'extrémité M du balancier MOL, ce qui ne se peut faire sans que son autre extrémité L ne se meuve de gauche à droite, en poussant la courbe LPW, qui fait avancer l'extrémité K du balancier KNI de *b* en W, ensemble la piéce QS de S en C, & par conséquent le balancier TV ramene les Scies suivant l'arc V *d* de la même quantité qu'elles avoient été poussées par le même balancier. Il a paru qu'un profil sur la largeur, tel que la Figure III. jointe au plan Figure II. pouvoit être suffisant pour construire cette Machine.

L'on verra par les Figures & la description suivante les autres Machines qu'il faut joindre à celle-ci, pour scier toute sorte de courbes & tambours de colonne.

MACHINES

Machine pour faire mouvoir des Scies.

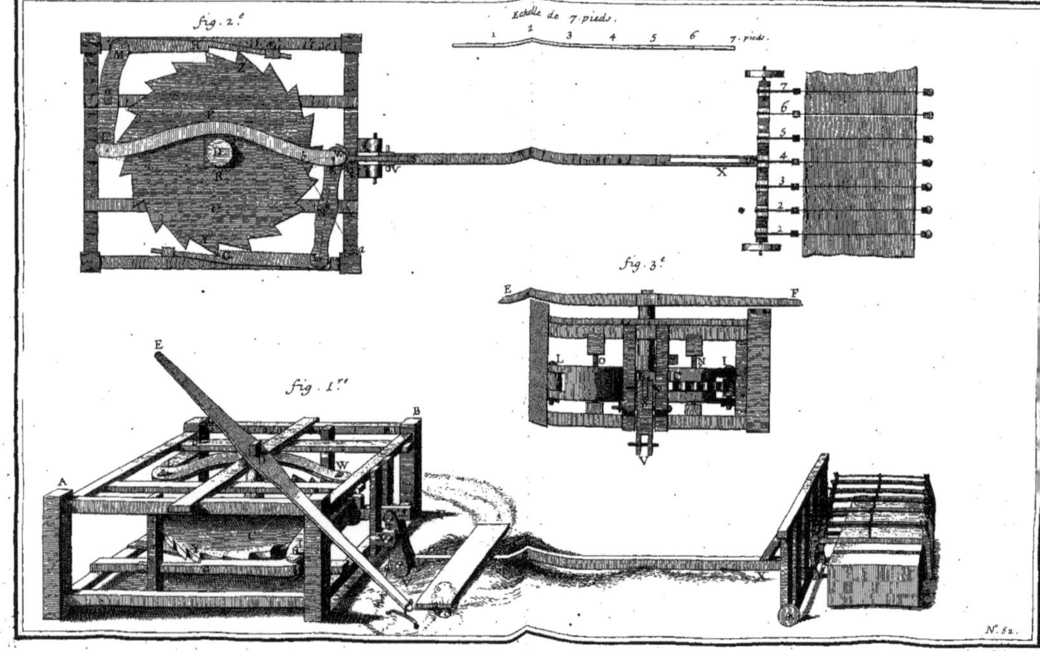

Herisset Sculp.

MACHINES POUR SCIER DES TAMBOURS DE COLONNE, ET AUTRES PIECES COURBES, INVENTÉES PAR M. DU QUET.

CE qui a été dit dans la Description précédente sur la Machine à scier n'est seulement que pour faire des traits droits. Voici la maniére de faire des traits de scie courbes ou circulaires, comme tambour de colonnes, mardelles de puits, rampes d'escalier, &c.

1699. N°. 53.

Le mouvement du chassis qui mene plusieurs scies étant conçû dans la premiére Figure de la premiére Planche, il faut imaginer dans cette seconde Planche que le le chassis AB fait le même mouvement de B en C, & de C en B alternativement, étant adapté à la queuë V *x* menée par la Machine. Le chassis AB est donc composé de deux traverses, & de trois montans, portés comme à l'ordinaire sur des roulettes. Le montant DE du milieu est

FIG. I. & II.

1699. N°. 53.

percé dans toute sa hauteur de plusieurs trous qui le traversent. Un bras FG aussi percé dans une partie FI de sa longueur de trous semblables se joint aux montans DE, & s'y arrête par un boulon de fer, autour duquel, comme centre, le bras peut décrire differens arcs, ce qui se fait en changeant le centre de mouvement, soit en faisant descendre plus ou moins le bras, & le fixant à d'autres trous du montant, soit en le raccourcissant, & le fixant à d'autres trous du bras même. Une piéce de fer LM fixée à un autre montant, entre lequel il peut se mouvoir verticalement, sert à le contenir en l'empêchant de s'écarter du chassis.

FIG. II. Soit la pierre P proposée à être coupée suivant la courbe NO ; après avoir placé cette pierre on cherchera le centre qui convient le mieux à la courbe, en faisant faire au bras FG le chemin NO ; ensuite on appliquera une scie à l'extrémité G de ce bras, soit par une vis & son écrou, soit par un simple boulon, ou d'une maniére quelconque, pourvû que la scie puisse tourner autour de ce point. On ajustera à la scie un feuillet fort étroit, qui au lieu de couler à plomb, décrit en tombant la ligne courbe demandée ; la longueur du bras étant égale au rayon.

Lorsque le trait passe la longueur de 5 à 6 pieds, c'est-à-dire, que la pierre que l'on veut scier est de cette longueur, l'Auteur voudroit qu'on substituât à la place du feuillet étroit un feuillet large & courbé sur son plat, suivant la portion de cercle que l'on veut faire décrire à la scie, & cela parce qu'il prétend que le feuillet ne sera pas si sujet à se casser.

On observera de charger la scie par ses extrémités, afin qu'elle tende à entrer dans la pierre, suivant la direction que la Machine lui donnera, & qu'elle ait le frottement nécessaire au sciage.

FIG. III. & IV. *La troisiéme Figure n'est pas gravée comme elle devoit l'être : le tambour qui porte les feuillets des scies paroît ici plein, &*

il doit être évidé. Mais pour conſtruire cette Machine, la Mécanique s'en concevra fort bien, à l'aide de la Deſcription ſuivante. 1699. N°. 53.

Pour ſcier des tambours de colonne, ou faire des cercles entiers, on a diſpoſé un arbre *ab* mis à plomb ſur la pierre *c*, & arrêté par la charpente *defg*, &c. Dans cet arbre ſont enfilées deux rouës, l'une en-haut, & l'autre en-bas; ces deux rouës ſont ſemblables, & telles que la quatriéme Figure: elles ſont chacune compoſées de huit rayons, & chaque rayon, comme *lmn* eſt fait de deux piéces qui entrent l'une dans l'autre, dont la partie *mn* eſt à couliſſe, & s'approche, ou s'éloigne plus ou moins du centre; ces deux piéces ſont percées dans leur épaiſſeur de pluſieurs trous que l'on fait répondre les uns ſous les autres, & que l'on fixe par des chevilles à une diſtance du centre proportionnée au diametre du tambour que l'on veut ſcier. A l'extrémité *n* de la piéce mobile ſont des raînures pratiquées de chaque côté, pour recevoir des feuillets de ſcies fort larges & courbés ſur leur plat. Ils ſont eſpacés entr'eux à des diſtances égales à leur largeur, & ſont chargés par le haut d'un poids enfilé dans l'arbre, de ſorte que l'on peut les charger à volonté.

A l'extrémité d'un des rayons eſt boulonée la queuë *x*, telle qu'elle eſt dans les chaſſis de la premiére & ſeconde maniére, & qui par le même mouvement fait circuler le tambour, lui faiſant parcourir le chemin *xy*, & *yx* alternativement, enſorte que les lames des ſcies qui ne font pas entr'elles un cercle entier, font cependant dans leur mouvement un cercle achevé, ce qui ſe fait par la longueur du mouvement que l'on peut augmenter, ou diminuer, ſuivant l'arc *xy* déterminé par l'éloignement des feuillets.

Ce tambour à ſcie peut être mû ſeul par tel moteur que l'on jugera à propos.

Machine pour Scier des Tambours de Colomne, et autres Lignes Courbes.

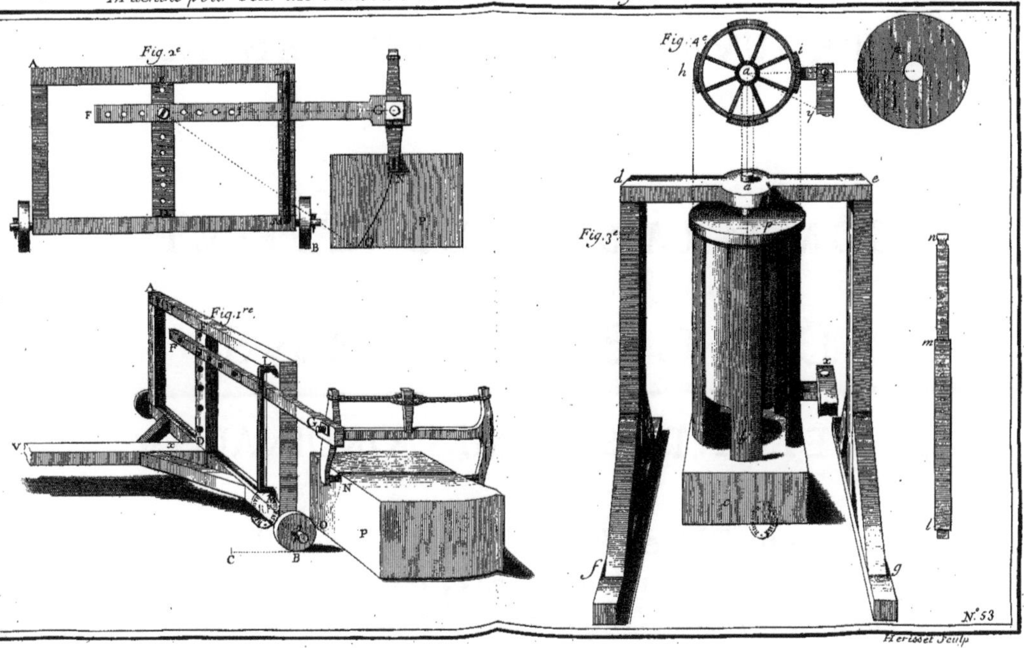

RAMES TOURNANTES

INVENTÉES

PAR M. DU QUET 1699.

APPROUVÉES EN FORME EN 1702.

ET

COMPARAISON DE L'EFFET

DE CES RAMES

A CELUI DES RAMES ORDINAIRES.

LA partie DD repréſente l'épaiſſeur du bord d'un Vaiſſeau; & les ouvertures EN, &c. ſont les ſabords. C'eſt dans le ſabord N que paſſe l'arbre AA de la rame, à l'extrémité extérieure duquel ſont les rames BAB; à l'autre extrémité intérieure AC eſt une double-manivelle CCM, ſoûtenuë ſur le pont du Vaiſſeau à l'endroit M, par un montant qui excéde un peu la hauteur du ſabord. A chaque coude de cette manivelle, comme M, eſt une piéce de fer ſéparée en deux branches à peu près dans le milieu de ſa longueur, qui vont joindre aux points HH la barre

1699.
N°. 54.
PLANCHE I.
FIG. I.

GFG d'un chaſſis GHHG qui contient la moitié de la lon-
1699. gueur du Vaiſſeau. Ce chaſſis, qui eſt tout de fer, eſt ſuſpendu
N°. 54. aux points HH au-deſſous du deuxiéme pont par d'autres
FIG. II. piéces briſées à charniére, au moyen deſquelles on applique le chaſſis tout contre les baux du pont, comme on le peut voir à l'inſpection de la troiſiéme Figure. Ce chaſſis
FIG. II. eſt encore formé par d'autres barres II, où ſont appliqués
FIG. II. les hommes deſtinés à faire tourner ces rames.

Chaque partie des barres HH qui servent de ſuſpenſion au chaſſis ſe meuvent autour des boulons qui les aſſemblent, tant dans leur milieu, qu'aux endroits du pont où ils ſont ſuſpendus, d'où il s'enſuivra que tout le chaſſis pourra ſe mouvoir lateralement ſuivant la longueur du Vaiſſeau. Les deux chaſſis de droite & de gauche étant ſemblables, il eſt clair que l'un des deux agiſſant, par exemple, le chaſſis de la droite pouſſant vers la gauche, fera tourner la manivelle, & par conſéquent les rames frapperont l'eau toûjours perpendiculairement; par ce mouvement on fait faire aux rames une demie révolution, qui font enſuite la révolution entiére au moyen du chaſſis pratiqué à gauche, qui pour lors eſt pouſſé à droite, de maniére que l'un & l'autre ſe meuvent alternativement de droite à gauche, d'où il ſuit que la rame doit circuler toûjours du même ſens.

M. De Chazelles de l'Académie Royale des Sciences, a fait un Calcul de l'avantage de ces rames, qui ſe trouve imprimé dans l'Hiſtoire de la même Académie de 1702. page 98. Ce Calcul étant fondé ſur les Expériences faites à Marſeille & au Havre, on a cru qu'il étoit néceſſaire de le rapporter ici tel qu'il eſt imprimé.

CALCUL DES RAMES TOURNANTES

1699.
N°. 54.

PAR M. DE CHAZELLES.

POUR bien juger de la force des rames ordinaires, & de la vîtesse qu'elles peuvent procurer, on les doit considérer sur la Galére, qui est le bâtiment auquel on a tâché depuis un tems immémorable de donner toute la force & la vîtesse dont elles sont capables.

Une Galére ordinaire a 26 rames de chaque côté, & chaque rame a 36 pieds de longueur, dont 24 pieds sont hors de la Galére, & 12 en dedans; mais la partie qui est dans la Galére est aussi plus grosse & renforcée de bois à proportion, pour faire équilibre avec celle de dehors, le point d'appui étant sur le bord de la Galére.

Le bout de la rame qui entre dans l'eau, qu'on appelle la pale, a demi pied de largeur, & environ 5 pieds de longueur; ainsi chaque rame pousse une surface d'eau de deux pieds & demi, & les 26, 52 pieds.

Il y a 5 hommes par rame, ainsi on peut considérer les 26 rames comme toutes liées ensemble, agissant en même tems, & poussant 65 pieds quarrés d'eau, avec la force de 130 hommes.

Les vogueurs font force inégalement: celui qui est au bout de la rame, qu'on appelle le vogu'avant, fait une grande fatigue parcourant à chaque coup de rame ou palade l'espace de 6 pieds, les autres moins à proportion, & celui qui est le plus près du point d'appui ne fait presque point de force ni de mouvement; ainsi lorsqu'il s'agit de voguer longtems, il faut qu'ils se relevent & succedent les uns aux autres, & cela cause un peu de retardement.

1699. N°. 54. La palade se donne en trois tems : le premier est pour se lever, le second pour porter la pale en avant, le vogu'avant faisant un pas, & allongant son corps devers la poupe; le troisiéme pour tomber en se renversant les bras en-haut pour plonger la pale dans l'eau : & il n'y a que ce troisiéme tems qui sert pour faire courre la Galére de l'avant. Il faut remarquer qu'en même tems la chute de toute la chiourme, qui est de 260 hommes, fait une autre impression à la Galére, la faisant enfoncer, ce qui doit retarder sa vîtesse; & le mouvement se fait ainsi par secousse ou saccades.

J'ai remarqué (c'est M. De Chazelles qui parle) qu'une Galére voguant de la plus grande force à pouvoir durer longtems en calme, ne donne pas plus de 24 palades par minute, & que la premiére rame donne dans les eaux de la septiéme; ce qui donne par palade un intervalle de six bans, qui font 3 toises, & par conséquent 72 toises par minute, & 4320 toises par heure, qui font 5 bons milles, ou une lieuë & deux tiers par heure. J'ai verifié cette estime par d'autres observations faites par le loc, comme aussi en parcourant des distances connuës d'un cap à l'autre; & je suis assuré qu'une Galére voguant tout en plein calme pendant un tems considérable, ne sçauroit faire deux lieuës par heure. Voilà pour ce qui regarde la vîtesse que peuvent donner les rames ordinaires.

Donnant aux rames tournantes 12 pieds de longueur depuis le centre de leur mouvement jusqu'au bout de la pale, en les faisant entrer de six bons pieds dans l'eau, mettant le point d'appui à 5 ou 6 pieds au-dessus de la ligne de flotaison, on peut donner à la pale jusqu'à trois pieds de largeur, & même plus s'il est nécessaire ; ainsi l'on poussera continuellement & sans interruption 18 pieds quarrés d'eau avec plus ou moins de force, suivant le nombre d'hommes qu'on appliquera sur les manivelles, lesquels font force tous

tous également avec un mouvement de trois pieds seulement, dans lequel ils peuvent durer beaucoup plus longuement que le vogu'avant de la Galére ordinaire, qui fait un mouvement une fois plus grand, comme nous avons dit, qui le met d'abord tout en sueur, & l'oblige à se mettre nud sans chemise pour continuer.

1699. N°. 54.

On jugera de la vîtesse du chemin que l'on fera par la vîtesse avec laquelle les rames tourneront; & si elles font seulement un tour en dix secondes, on égalera la vîtesse de la Galére, puisque le tour est de 12 toises, supposant comme on a fait pour la rame ordinaire, que l'eau ne céde point; mais pour une plus grande justesse dans l'estime, il faudra sçavoir par plusieurs Expériences sur des distances connuës, de combien l'eau céde à proportion de la vîtesse des tours; & l'on aura d'autant plus de précision que ce tour des rames tournantes est plus grand que l'espace parcouru en une palade de rames ordinaires.

On ne doit pas douter que la force de cent hommes, par exemple, poussant continuellement un volume d'eau de 18 pieds quarrés de chaque côté, ne mette bientôt en mouvement le plus gros vaisseau, puisque une simple chaloupe se fait sentir nonobstant les inconveniens qui se trouvent à la remorque, comme nous les avons remarqués dans un Mémoire particulier. *Ainsi je suis fortement persuadé que ces* rames serviront aux plus gros Vaisseaux très-utilement, & même plus avantageusement qu'aux petits, puisqu'outre la force de l'équipage, qui peut leur fournir de quoi mettre un grand nombre d'hommes sur les manivelles, & les relever par d'autres tous frais, pour continuer ce service; ils ont encore un espace bien plus grand pour placer commodement les aîles des manivelles, & les faire mouvoir sans embarras; ce que l'on feroit plus difficilement dans un petit Vaisseau dont l'entre-deux des ponts est très-bas, & ordinairement fort embarrassé.

Quoique ce Calcul fasse voir beaucoup d'avantages dans

1699. N°. 54. les rames tournantes, il se trouvoit un inconvenient auquel l'Auteur a remedié depuis, il consiste en ce que les rames en sortant de l'eau se présentent toûjours sur leur plat, & entraînent avec elles (après leur action) une nape d'eau, qui est un obstacle à vaincre, ce qui n'arriveroit pas si la rame sortoit de l'eau par son tranchant.

L'Auteur a donné un moyen qui remedie à cet inconvenient, & que l'on va décrire ci-après N° 55.

COMPARAISON DES RAMES ORDINAIRES avec les Rames tournantes.

ON a consideré le mouvement que fait un Bâtiment par le moyen des rames & des hommes qui les font mouvoir, comme celui d'une Galére. L'effort que les hommes font sur le manche de la rame, & la résistance partiale de l'eau qui se fait à l'autre grand bout de la même rame, se font sentir au point d'appui, où la rame est soûtenuë par le Bâtiment. Ce point est comme le soûtien d'un levier ordinaire, qui porte toûjours la somme de deux poids qui sont aux extrémités, en y ajoûtant la pesanteur propre du levier, en quelque raison ou reciprocation que soient les poids ou les forces appliquées. Ainsi plus il y aura de force au petit bout de la rame, & de résistance au plus long bout à proportion, plus le point d'appui recevra d'impression. Une Galére iroit donc aussi vîte avec deux rames seulement, qu'elle va avec toutes celles qu'on y employe. S'il étoit possible de faire mouvoir ces deux rames avec toute la chiourme, & avec une vîtesse égale, & aussi que ces rames eussent la largeur & la force nécessaire.

Ces réflexions ont occasionné la découverte des rames

perpendiculaires; outre que les prémiéres ne ſont que fleurer l'eau quand la mer eſt agitée, & que les vagues ſont grandes, ſouvent les rames ne prennent point d'eau, & deviennent inutiles. En ce cas les rameurs ſont culbutés par le manque de réſiſtance. 1699. N. 54.

Ces inconveniens ne ſçauroient arriver aux nouvelles rames, parce qu'elles prennent perpendiculairement l'eau, & elles s'y enfonçent aſſez pour ne la pas manquer; quand même ce coup échaperoit à l'eau, les rameurs n'en ſeroient point incommodés, parce qu'ils trouvent de quoi s'appuyer à chaque vibration, qui n'eſt que d'un pied & demi en avant, & autant en arriére. D'ailleurs les rames ordinaires ont plus de la moitié du tems perdu, parce qu'il faut relever & reporter la rame avant que de faire effort, ce qui fait que la Galére va par ſaccades, & que ceux qui ſont dedans ſentent tous les coups de rames à chaque fois, au lieu que les nouvelles rames vont toûjours uniment en ſe ſuccedant l'une à l'autre ſans perte de tems, ce qui cauſe un mouvement uniforme au Bâtiment, & qui n'eſt point apperçû de ceux qui ſont dedans.

Il y a lieu deſpérer une grande utilité de cette invention par rapport à l'augmentation de vîteſſe, en conſiderant la difference qu'il y a entre la vogue ordinaire & celle des rames tournantes; celle-ci ſe fait ſans interruption par une force unie continuellement appliquée ſuivant la même direction; la vogue de la rame ordinaire ſe fait par ſecouſſes, & de trois tems qu'on employe pour donner un coup de rame, un pour ſortir la rame de l'eau, le ſecond pour pouſſer la rame en avant, & le troiſiéme pour refouler l'eau; il n'y a que le troiſiéme qui ſert, encore pert-il de ſa force par la chûte de toute la Chiourme, qui tombant toute enſemble fait plonger la Galére, & rend le mouvement oblique, ce qui contribuë beaucoup à la rüine du Bâtiment. Ce ne ſont pas-là les ſeuls défauts des rames ordinaires : on eſt obligé de les multiplier pour augmenter

1699. No. 54.

la force, & par consequent d'alonger le Bâtiment, ce qui le rend moins capable de resister à la mer. Il faut aussi que le Bâtiment soit bas, découvert, & ainsi fort exposé aux coups de mer, par la nécessité de proportionner la longueur de la rame à la force & à la grandeur de l'homme; & quelque couverte que l'on donne à la chiourne, comme dans les galeasses, il faut toûjours laisser les ouvertures pour la palemente, par où les coups de mer peuvent entrer.

On évite ces inconveniens par les rames tournantes, puisqu'on peut augmenter la force en ajoûtant seulement des hommes lorsqu'on aura soin de proportionner la longueur & la largeur des rames à la grosseur du Vaisseau, & ces rames agiront toûjours suivant le nombre d'hommes qu'on employera dessus, & non suivant le nombre des machines, comme sont les rames ordinaires, qui d'ailleurs ne peuvent plus servir aux Vaisseaux au-dessus du quatriéme rang, à cause de la trop grande longueur qu'elles devroient avoir, qui ne seroit plus proportionnée à la grandeur ordinaire de l'homme.

Par le moyen des rames tournantes on délivre l'équipage de la remorque, qui est un des plus fatiguants services, & l'on fera aller le Vaisseau incomparablement plus vîte que s'il étoit remorqué, parce que non-seulement les Chaloupes qui remorquent sont sujétes au défaut de la vogue ordinaire, où il y a les deux tiers du tems perdu, mais de plus elles ne peuvent pas faire force toutes ensemble; & le Vaisseau les faisant revenir à lui après le coup de rame, elles ont cet espace à regagner le coup d'après. D'ailleurs le cable de la remorque s'enfonçant dans l'eau par sa pesanteur, il faut encore vaincre la résistance que l'eau lui fait pour se roidir.

Toutes ces choses ensemble diminuent considérablement la force de la remorque. Dans un combat les chaloupes qu'on employe sont exposées à la mousqueterie, à être coulées à fond par le canon de l'ennemi, & aux vagues de la mer, qui leur permettent fort peu d'être dehors. 1699. No. 54.

A cet égard les rames tournantes courrent les mêmes risques, & sont pareillement exposées au canon & aux vagues, qui peuvent les emporter en les brisant.

Voici les expériences faites à marseille par ordre du feu Roi.

EXPERIENCES DE LA VITESSE de la Galére aux rames tournantes, comparée à celle d'une Galére ordinaire, faites à Marseille le 12. Février 1693.

A 10^{h}. 3^{m}. du matin la Galére la Superbe étant sortie de son poste devant les Augustins partit pour aller à la Chaisne.

A 10^{h}. 11^{m}. elle arriva à la Chaisne.

A 10^{h}. 6^{m}. la Galére aux Machines partit de son poste du fond du Port.

A 10^{h}. 13^{m}. elle arriva à la Chaisne.

A 10^{h}. 19^{m}. les deux Galéres à côté l'une de l'autre voguent tout.

A 10^{h}. 25^{m}. la Galére la Superbe passe, & vogue ensuit à quartier de poupe.

A 10^{h}. 27^{m}. la Galére aux Machines passe.

A 10^{h}. 28^{m}. Force de part & d'autre, & vogue tout.

699. A 10^{h}. 30^{m}. la Galére la Superbe passe ensuite, vogue
54. à quartier de proue.

A 10^{h}. 32^{m}. la Galére aux Machines passe, ensuite la Galére la Superbe ajoûte au quartier de proue des rames jusqu'à ce qu'elle ait atteint la vîtesse de la Galére aux Machines, & l'on a trouvé qu'avec 7 à 8 rames de moins de chaque côté elle soûtenoit avec la Galére aux Machines, ce qui faisoit environ 200 hommes de vogue, autant qu'il y en avoit sur la Galére aux Machines. Il y avoit un peu de vent par proue qui retardoit un peu plus la Galére la Superbe que celle des Machines, parce que la Superbe avoit les mâts & les antennes, & l'autre non.

A 10^{h}. 43^{m}. arrive par le travers de Ratonneau ou du Mouillage des Isles sies courre.

A 10^{h}. 47^{m}. la Galére la Superbe a achevé de tourner.

A 10^{h}. 49^{m}. la Galére aux Machines a achevé de tourner.

En revenant on a experimenté que la Galére aux Machines alloit considérablement plus vîte à la sie que la Galére la Superbe.

A 11^{h}. 30^{m}. on est rentré dans le Port.

Il paroît d'abord que la Galére aux Machines a un avantage considérable sur la Galére ordinaire pour sortir de son poste, & se mettre en mouvement, puisqu'en 7 minutes, elle a parcouru toute la longueur du Port sortant de son poste avec la vogue même sans se haller sur les amares : ce qu'une autre Galére ne fait qu'avec beaucoup de lenteur ; & la Galére la Superbe étant sortie de son poste a employé 8 minutes à parcourir un espace moindre que la longueur du Port. 1699. N°. 54.

Mais si l'on considére les Expériences faites hors du Port, il sembleroit qu'on devroit conclure que la Galére ordinaire l'emporte sur celles des Machines, même avec un nombre de Chiourme égal, puisqu'on a vû qu'avec 8 rames de moins de chaque côté elle soûtenoit avec la Galére aux Machines, nonobstant le petit vent par prouë qui lui faisoit plus de résistance qu'à l'autre, à cause de ses mâts. Néanmoins si l'on fait attention que la Chiourme de la Superbe étoit beaucoup meilleure que celle de la Galére aux Machines ; que la Galére la Superbe est une des meilleures du Roi, reconnuë pour aller des mieux ; que celle sur laquelle on a mis les Machines est une vieille Galére tombée & condamnée ; que la Chiourme de l'une est très-exercée pour le mouvement de la rame ordinaire ; que l'autre ne l'est point pour la nouvelle vogue ; qu'il n'y a rien à ajoûter à la Galére ordinaire, soit pour la proportion des rames, leur longueur, largeur des pales, hauteur du point d'appui, &c. soit pour le Bâtiment ; & qu'à la Machine il y a beaucoup de choses à reformer, tant aux rames qu'aux manivelles, & aux differents postes des hommes pour augmenter leur force.

Si on fait réfléxion sur toutes ces choses, on conclura avec assez d'évidence, qu'avec cette invention appliquée à un Bâtiment qui lui convienne, & ayant déterminé la longueur des rames, la largeur des pales, la force des manivelles, & la disposition des postes des hommes la plus avantageuse, on aura une plus grande vîtesse qu'avec les rames ordinaires, ainsi que la raison le persuade, à cause qu'on évite le tems perdu, & le frottement qui se trouve dans la vogue ordinaire.

Cependant pour faire voir par cette Expérience (toute
1699. défectueuse qu'elle est par les raisons alleguées ci-dessus)
No. 54. que la vîtesse est plus grande par cette vogue que par la vogue ordinaire, lorsque toutes choses sont égales de part & d'autre, l'on trouve dans les Journaux de M. De Chazelles, que le 28 Juin 1687. la Patrone accompagnée de 14 autres Galéres sortit du Port de Marseille à 3^{h}. 50^{m}. & voguant tout en calme arriva aux Isles à 4^{h}. 23^{m}. ainsi elle employa 33 minutes pour aller de la Chaisne aux Isles. Or la Galére aux Machines a fait autant de chemin avec 200 hommes en 30 minutes étant partie de la Chaisne à 10^{h}. 13^{m}. & arrivée par le travers du mouillage des Isles à 10^{h}. 43^{m}. quoiqu'il y eût un peu de vent par prouë.

Pour ce qui regarde la fatigue que l'on fait en voguant par cette nouvelle maniére, elle paroît moins considérable que par la vogue ordinaire, le mouvement n'étant pas si grand, ce qui seroit une augmentation pour la vîtesse dans un long espace de tems.

SUPPLEMENT

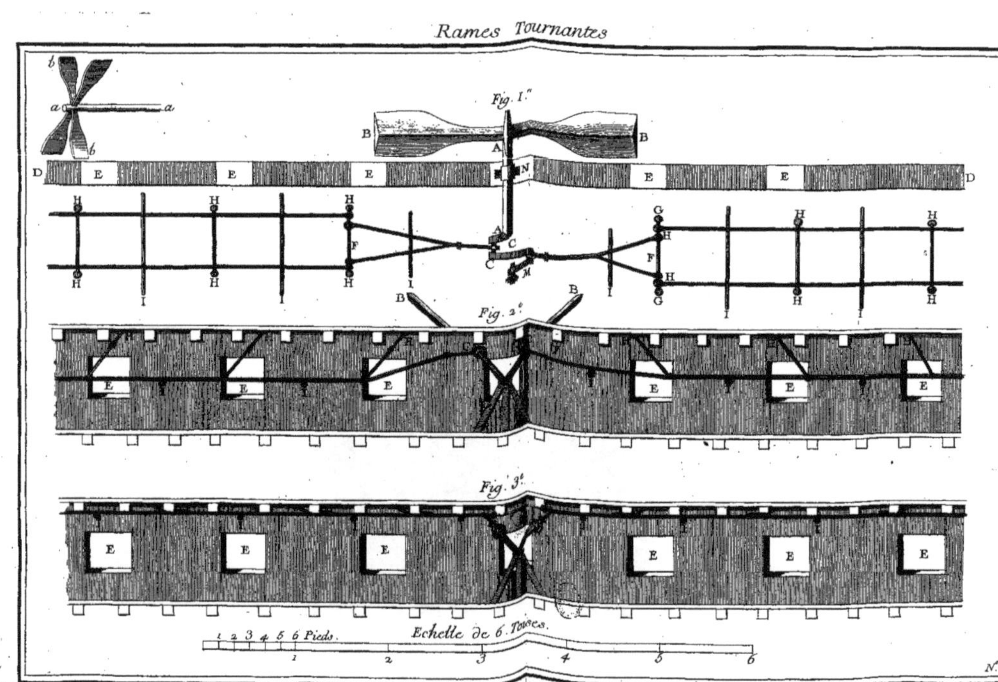
Rames Tournantes
Fig. 1.re
Fig. 2e
Fig. 3e
1 2 3 4 5 6 Pieds.
Echelle de 6. Toises.
1 2 3 4 5 6
N. 54.
Herisset Sculp

SUPPLEMENT AUX RAMES TOURNANTES, INVENTÉ PAR M. DUQUET.

LEs rames AB, CD, au lieu d'être fixées sur l'arbre E, peuvent tourner sur elles-mêmes pendant les revolutions du même arbre. Chaque rame, comme FGH, ne fait qu'une seule piéce; leurs surfaces sont disposées en sens contraire; c'est-à-dire, que la rame F présente son plat, & l'autre H présente son tranchant. A la moitié, ou environ de chaque rame sont fixement attachées les chevilles IL perpendiculairement à leurs surfaces; ces chevilles sont également longues de part & d'autre. Autour du sabord, par où passe l'arbre des rames, l'on pratique deux demi-cercles concentriques MNO, PQR, fixement attachés contre le côté du Vaisseau. L'intervale OPQN, qui n'est point un cercle, est rempli par une portion d'orbe ou piéce de bois solide. Cette piéce étant fixée à l'endroit où on la voit marquée, lorsque la rame circule suivant les arcs H*h*, F*f*, la cheville comprise dans l'intervale vuide des cercles MNQR venant à rencontrer le côté NQ, la rame F se tournera nécessairement sur son plat pour entrer

1699. No. 55.

1699.
No. 55.

dans l'eau, & reciproquement la rame H tournera sur son tranchant pour en sortir; ce qui arrivera aussi à la premiére F, quand elle aura fait sa demie revolution; & comme la partie pleine NQPO ne vat point jusqu'au quart de cercle, l'on voit que ce changement ne se fait qu'après que la rame a passé la verticale, & qu'elle a produit tout l'effet dont elle étoit capable. Par cette construction l'inconvenient qui restoit à ces sortes de rames se trouve supprimé.

Suplement aux Rames tournantes.

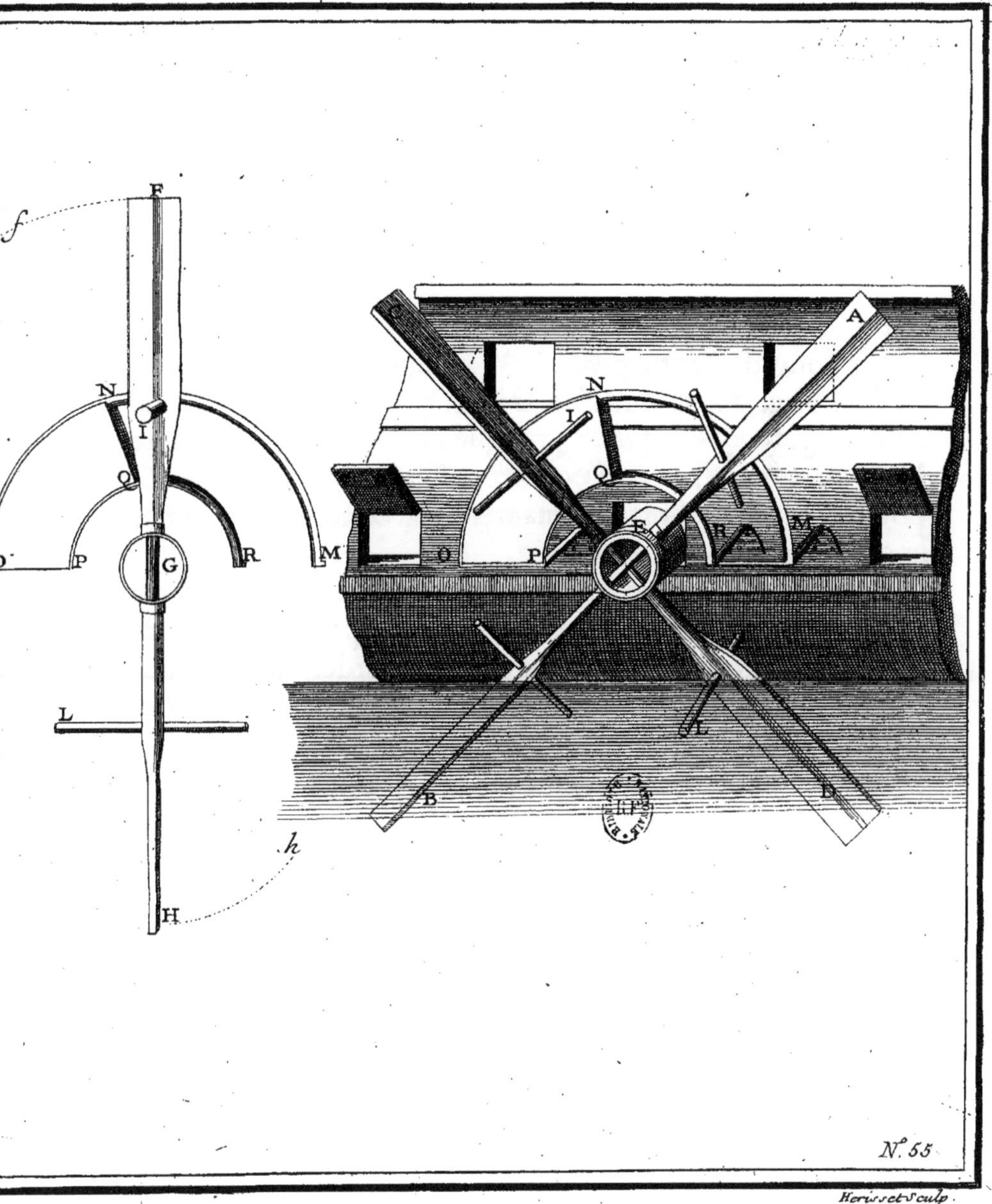

N.° 55

Herisset Sculp.

SONOMETRE

INVENTÉ

PAR M. LOULIÉ.

1699. N°. 56. FIG. I.

AB est une boîte qui contient une piéce DEF à couliſſe le long de l'autre piéce LM fixement attachée au fond de la boîte. L'extrémité ED ſort par une ouverture de même figure que la piéce pratiqué en B. L'autre extrémité F porte une eſpéce d'équerre aſſujétie par une vis, & pouſſée par un reſſort, de maniére que cette équerre pince la corde HNG, à l'endroit I.

La ſeconde Figure eſt de grandeur naturelle, & eſt diviſée ſuivant les proportions néceſſaires, pour faire rendre à la corde le ſon que l'on veut pour accorder quelque inſtrument que ce ſoit, ce qui ſe pratique de la maniére ſuivante.

A chaque diviſion de la piéce DE il y a une petite pointe que l'on fait paſſer par l'ouverture B faite à la boîte; pour lors lorſque l'on voudra avoir une note, on tirera la piéce en faiſant paſſer la pointe de cette note, enſuite appliquant exactement cette pointe contre l'ouverture de la boîte, on pincera la corde avec le doigt en N, & cette corde rendra le ſon demandé. Cet effet ſe produit par les differens chemins que l'on fait faire à la couliſſe ED, qui fait faire auſſi à l'équerre un chemin proportionné dans la diſtance HG; les differens éloignemens du point H font les differens ſons.

1699. N° 56. Cet inſtrument eſt portatif, il ſe peut mettre aiſément à la poche; il eſt même en uſage parmi les Facteurs de Clavecins, qui s'en ſervent pour acccorder ces ſortes d'inſtrumens.

Sonometre.

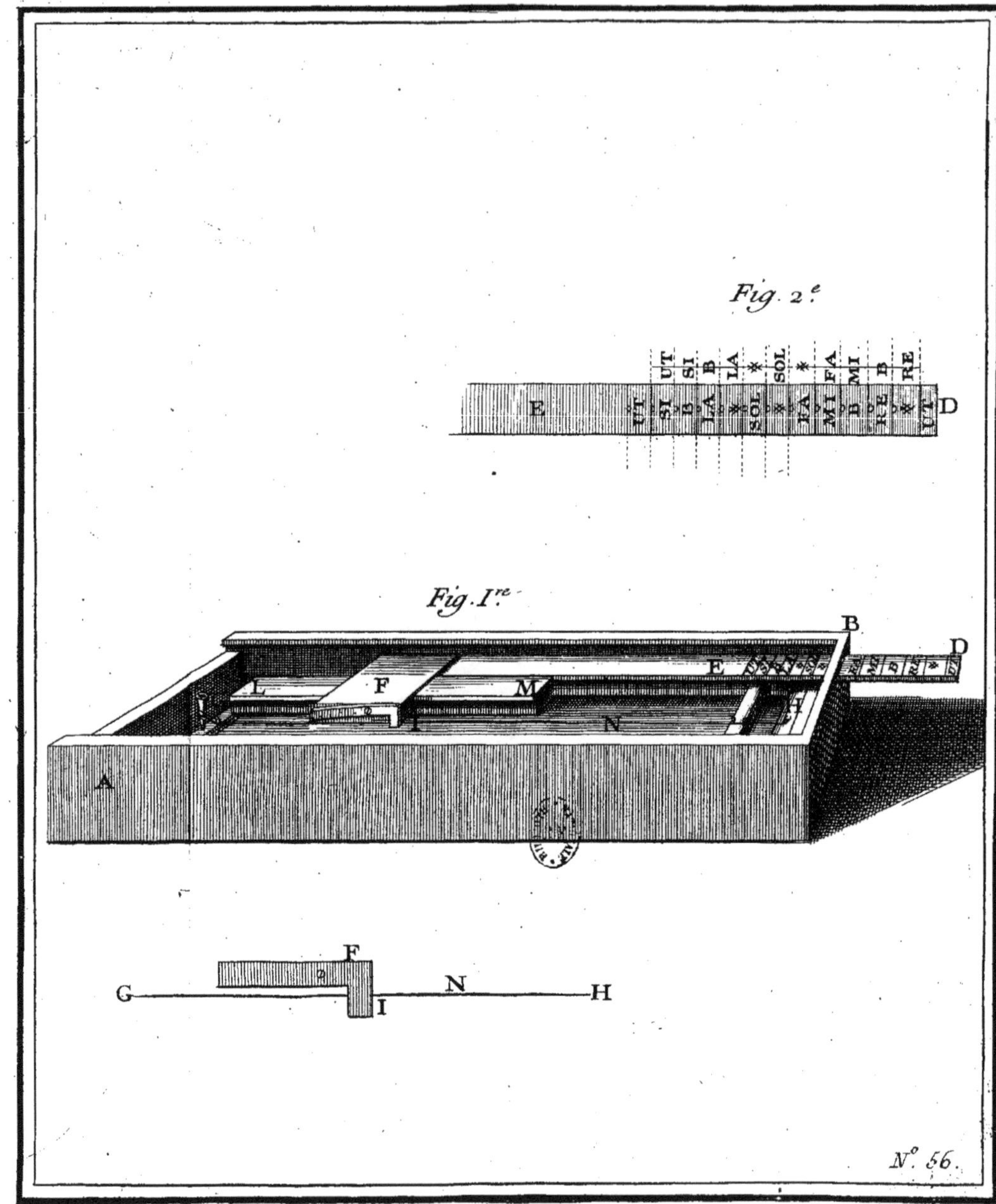

Herisset Sculp.

AUTRE SONOMETRE

INVENTÉ

PAR M. LOULIÉ.

LE dessus de la caisse ABCD porte dans le milieu de sa longueur plusieurs chevalets fixés aux extrémités d'autant de petites planches mobiles entre les coulisses FG, EH. Ces petites planches sont au nombre de douze, & marquent les divisions des notes de toute l'octave, avec les b mols & les diezes. Une corde OQP sert à rendre le son de ces differentes notes, en la faisant pincer par le sautereau Q, dont la touche R est en-dedans de la boîte, où elle est assujétie par le moyen d'une petite bascule *a*. Il faut observer que l'*ut* soit placé directement dans le milieu des deux points fixes O, P.

1699. No. 57.

FIG. I.

FIG. II.

Lorsque l'on voudra accorder un instrument, on tirera à soi la note que l'on veut avoir, en mettant le chevalet sous la corde; & pour que cette corde touche plus parfaitement le chevalet, on pose dessus une équerre. Par exemple, si l'on veut un *ut*, on tirera la planche LI, sur laquelle est le chevalet MN; on pose l'équerre IZ derriére ce chevalet, & on pince ensuite la corde par le sautereau Q.

La troisiéme Figure représente la division exacte des notes, dont on aura les proportions par l'échelle marquée dessous.

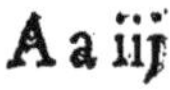

Monochorde. ou Sonometre

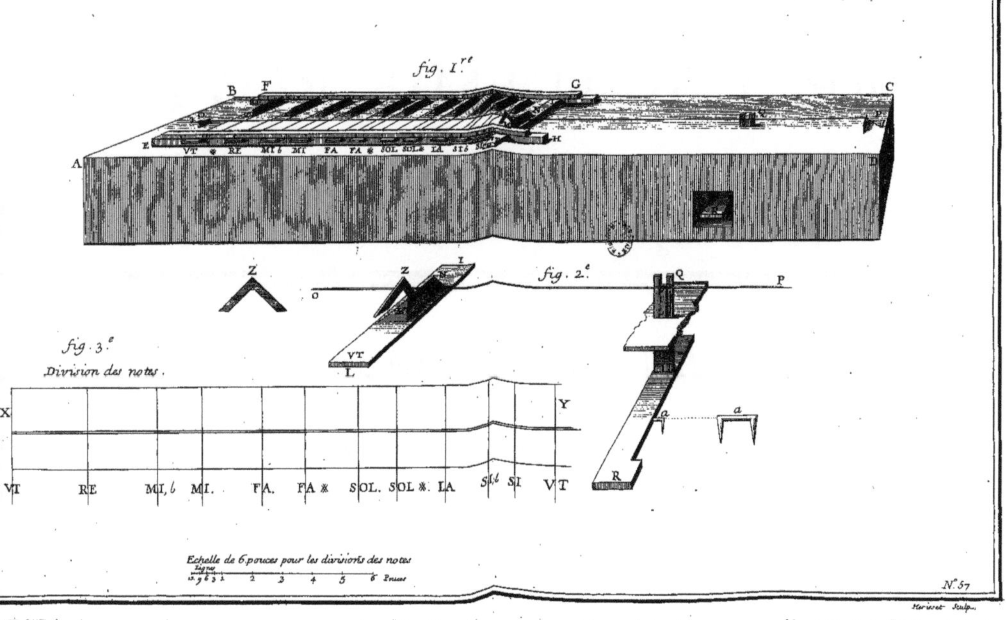

RECUEIL
DES MACHINES
APPROUVÉES
PAR L'ACADÉMIE ROYALE
DES SCIENCES.

ANNÉE 1700.

CLAVECIN

CLAVECIN BRISÉ

INVENTÉ

PAR M. MARIUS.

AB eſt le Clavecin entiérement plié ou fermé ; chaque briſure contient ſon jeu, qui ſe tire par des couliſſes, & tous les jeux ſe réüniſſent de maniére que le clavier eſt développé en très-peu de tems ; il ſe forme comme il ſuit.

1700. N°. 58.

FIG. I.

La partie AB eſt jointe à ſon inférieure du côté CD par les charniéres EF, & de l'autre côté par des crochets qui étant dégagés, le Clavecin ſe peut ouvrir & repréſenter la deuxiéme Figure.

FIG. II.

Le côté GH eſt partagé en deux parties égales en I jointes enſemble par une autre charniére IK, au moyen de laquelle le petit jeu KLH ſe peut appliquer le long du côté GI, & y eſt retenu par un crochet en-deſſous du Clavecin. Les languettes 1, 2, 3, ſervent à tirer les parties du clavier de deſſous chaque briſure, au moyen de quoi les touches ſe trouvent rangées, & forment un Clavecin à l'ordinaire, tel que la troiſiéme Figure.

FIG. III.

Le volet M eſt pour fermer le Clavecin à l'extrémité A quand il eſt plié.

M. Marius a prétendu que ce Clavecin étoit plus difficile que les autres à ſe diſcorder, parce que les côtés contre leſquels ſont attachées les cordes, ſont compoſés de pluſieurs parties, d'où il ſuit que ſes parties étant plus courtes, ont entr'elles moins de fléxibilité. Cependant il paroîtroit

1700. No. 58.

plus ſujet à la diſtention des cordes, qu'un Clavecin qui reſteroit toûjours dans la même place, ayant égard aux differents chocs auſquels il eſt ſujet, ſoit en le fermant, ſoit en l'ouvrant, ou même dans le tranſport; d'ailleurs il eſt auſſi ſuſceptible que les autres, de l'humidité & de la ſéchereſſe.

Le principal avantage de celui-ci eſt de pouvoir être tranſporté plus facilement, ce qui dédommagera en partie des inconveniens auſquels il paroît être ſujet.

Clavecin Brisé

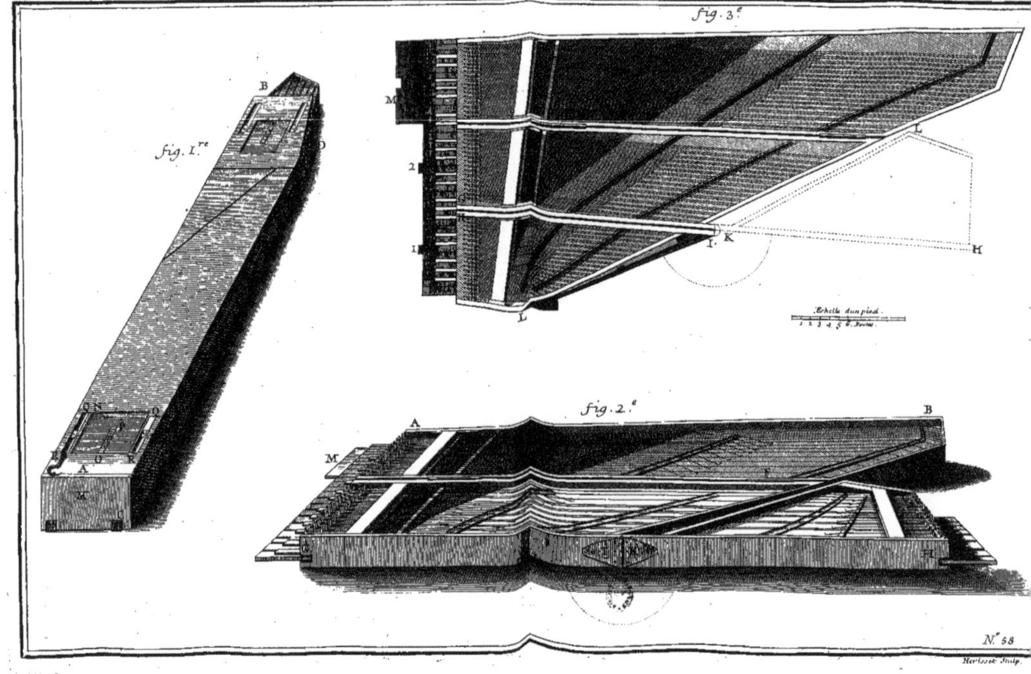

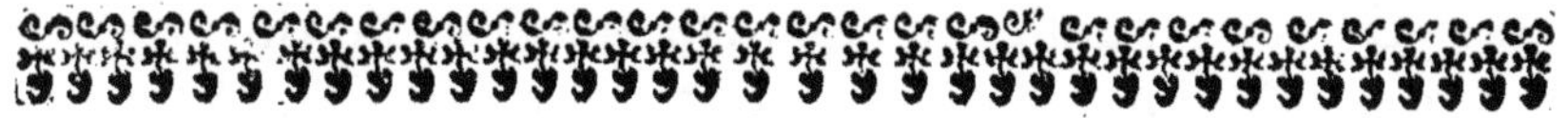

MACHINE POUR SCIER LE MARBRE, INVENTÉE

PAR M. DE FONSJEAN.

LA premiére Figure représente la Machine en total; c'est-à-dire, telle qu'elle paroîtroit au lieu où elle seroit établie. La mécanique de cette Machine est enfermée sous la plate-forme A, & développée dans les Figures II. & III. 1700. N°. 59.

Elle est composée d'une grande rouë horisontale CD, dont l'arbre E, élevé verticalement, paroît au-dessus de la plate-forme en maniére de cabestan F. Une barre ou levier GH, à l'extrémité duquel est attelé un cheval (moteur de cette Machine) sert à la faire tourner. Ce cabestan est fixé à la rouë, & pris entre des colets dans l'épaisseur de la plate-forme AB, & de même assujéti dans le milieu M du plancher inferieur IL ; cette rouë peut s'y mouvoir horisontalement : elle engréne encore, & fait tourner un seconde rouë NO, sur laquelle est une cheville P fixée de chan. Cette cheville entre dans une ouverture PR faite à une queuë PRS. A l'extrémité S est un chassis TV posé sur des roulettes, & formé d'autant de montans comme XY, que l'on veut faire mouvoir de scies, qui descendent par leur propre poids à mesure que la pierre est coupée. Les boulons qui joignent ces scies au chassis pouvant couler librement dans les ouvertures *a b* pratiquées dans le milieu de la largeur, & suivant toute la longueur de ces montans. Cette derniére partie est la même que celle de la Machine inventée par M. Du Quet, approuvée en 1699.

1700. N°. 59.

FIG. IV. FIG. II.

FIG. V.

Voici le jeu de la Machine.

FIG. II. La grande rouë CD tournant sur son axe, fera aussi tourner la petite rouë NO, dans laquelle elle engréne, ce qui ne se peut faire sans que la cheville P, qui peut se mouvoir librement dans la longueur de l'ouverture PR égale au double de la distance du centre de la rouë NO à la cheville P, ne chasse les scies de cette quantité suivant les longueurs V*u* T*t* égales au diametre du cercle que la cheville décrit, & la cheville étant parvenuë en *p*, & les rouës V *u*, T *t* par le mouvement de cette cheville vers N, les rouës reviendront de *u t* en V, T, ce qui produira un mouvement alternatif, ensorte que pendant un tour de la petite rouë les scies feront une allée, & une venuë : il faut que les roulettes sur lesquelles le chassis des scies se meut, soient entretenuës dans des orniéres qui puissent empêcher la queuë de changer de direction. Le rayon de la rouë ON étant supposé être au rayon de la grande rouë CD, comme un à quatre, la petite rouë fera quatre tours dans un tour de la grande, par conséquent huit coups de scie en une révolution entiére. Cela étant posé, un cheval faisant trois tours par minute, il en resultera vingt-quatre coups de scie dans le même espace de tems.

1700.
N°. 59.

Machine pour Scier le marbre

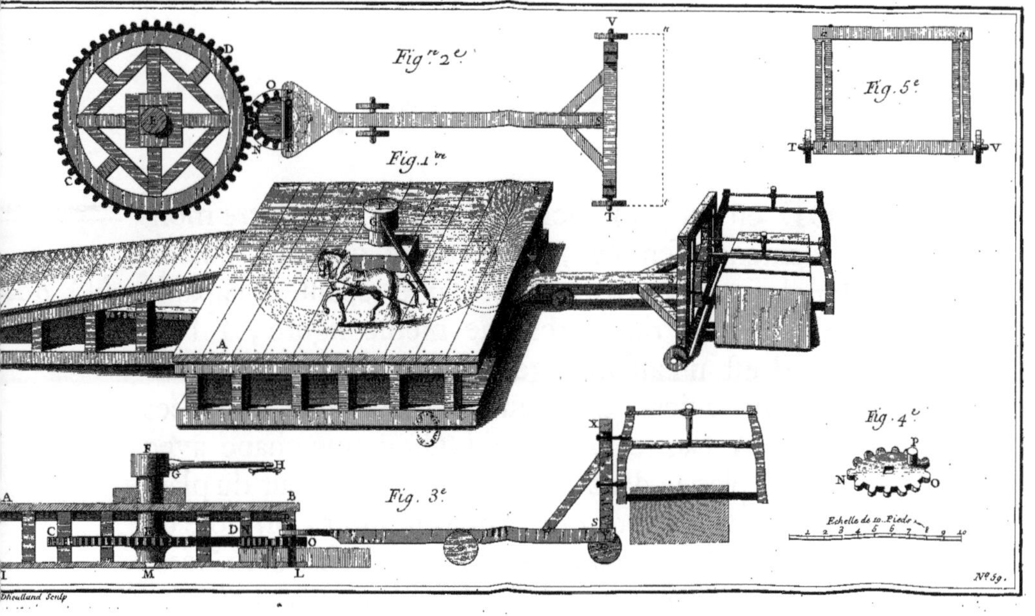

MACHINE POUR POLIR LE MARBRE, INVENTÉE PAR M. DE FONSJEAN.

ABCD est un plan incliné soûtenu par quatre montans solidement assemblés ; le dessus de ce plan, qui est un rectangle, doit être creusé d'une épaisseur capable de retenir un bloc de marbre de même figure ; à l'extrémité A B est un assemblage qui supporte un treüil EF garni de deux leviers, aux bouts desquels sont attachées des cordes. A l'autre extrémité CD est une chape avec sa poulie G, placée dans le milieu de la largeur du plan. Sur la piéce de marbre que l'on veut polir, on pose un second plan HIL composé de fortes planches bien liées; la surface de ce plan qui doit poser sur la pierre, est faite par les compartimens 1, 2, 3, &c. espacées à distance égale. Ce plan qui tend naturellement à descendre, est retenu par les cordes HI, qui ne font qu'un tour sur le treüil; au point H est encore une cheville posée horisontalement, qui sert à terminer le chemin que doit faire ce plan, en heurtant contre une seconde cheville verticale fichée dans le plan inférieur. Le plan supérieur

1700. N°. 60.

eſt tiré par un poids P qui paſſe ſur la poulie G.

1700. No. 60. Comme le marbre ſe polit avec du grais, on taillera plusieurs parallelepipedes de cette pierre, comme MN, capables d'être contenuës dans l'emboîture O, R, où elle ſera affermie. Enſuite on chargera le plan ſupérieur auquel ſont les emboîtures, & on placera deux hommes au treüil, un à chaque levier; ces hommes tirans ſur les cordes, & les leviers faiſant le chemin X x, il eſt évident que le plan montera de H en A, où il s'arrêtera en heurtant contre la cheville A; les leviers étant lachés tout à coup, le même plan redeſcendra, & ne fera que le même chemin, puiſqu'il eſt arrêté par une ſeconde cheville verticale. L'on voit que le ſervice de cette Machine eſt ſemblable à celui de la ſonnete dont on ſe ſert pour battre des pilotis, puiſqu'il n'y a qu'à tirer & lâcher ſur les cordes qui feront monter & deſcendre le plan, qui outre ſa détermination à deſcendre eſt encore tiré par un poids.

Pendant cette manœuvre un troiſiéme homme ſera occupé à jetter de l'eau & du grais écraſé ſur la pierre; & comme le chemin que parcourt le plan ſupérieur eſt plus grand que l'intervale des compartimens, il s'enſuivra que les parallelepipedes frotteront le marbre dans toute ſon étenduë. Le poli du marbre s'achevant ordinairement avec dela pierre ponce, on pourra avoir des parallelepipedes de cette pierre, que l'on ſubſtituera à la place du grais lorſque celle-ci aura fait ſes fonctions.

PISTOLETS

Machine pour polir le marbre.

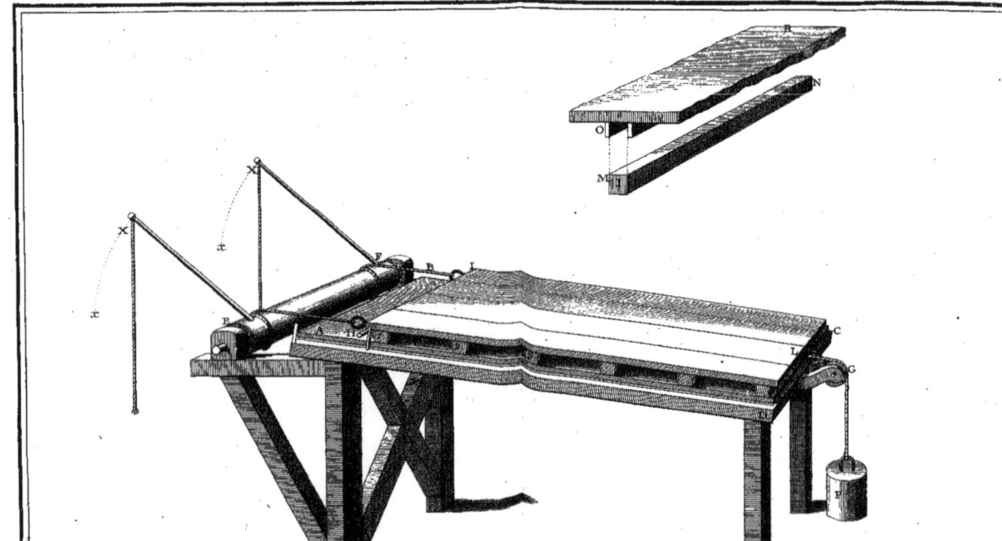

PISTOLETS D'ARÇON, DONT ON FAIT UNE CARABINE, INVENTÉS PAR M. DE LA CHAUMETTE.

1700. N°. 61. FIGURE I. FIG. II.

LEs Piſtolets A, B, ont leur croſſe à peu près ſemblable à celle des Fuſils; la croſſe du deuxiéme Piſtolet A eſt percée juſqu'au canon : ce trou eſt pour recevoir le bout du premier Piſtolet B. A l'extrémité C de ce dernier eſt une vis du même calibre que l'écrou D reſervé à la culaſſe du ſecond. Le premier canon CH étant entré dans l'ouverture de la croſſe du ſecond, on tourne le premier juſqu'à ce qu'il ſoit uni avec le ſecond; enſuite pour réünir l'ame du ſecond au premier, on tourne la ſougarde F, à laquelle tient la vis E qui formoit la culaſſe de ce canon, & on retirera par-là cette vis juſqu'au niveau du paroi intérieur du canon, ce que l'on pourra ſçavoir par un certain nombre de tours qu'on lui fera faire; alors les deux canons n'en faiſant plus qu'un, la Carabine ſera fermée.

La vis G pratiquée dans l'épaiſſeur du premier canon, ſert à forcer la bale; il faut que ces Piſtolets ſoient plus forts de matiére, & plus longs que les Piſtolets ordinaires. L'expérience ſeule donnera les proportions néceſſaires, & fera voir les propriétés de ces ſortes d'armes.

Pistolets d'arçon, dont on peut faire une Carabine.

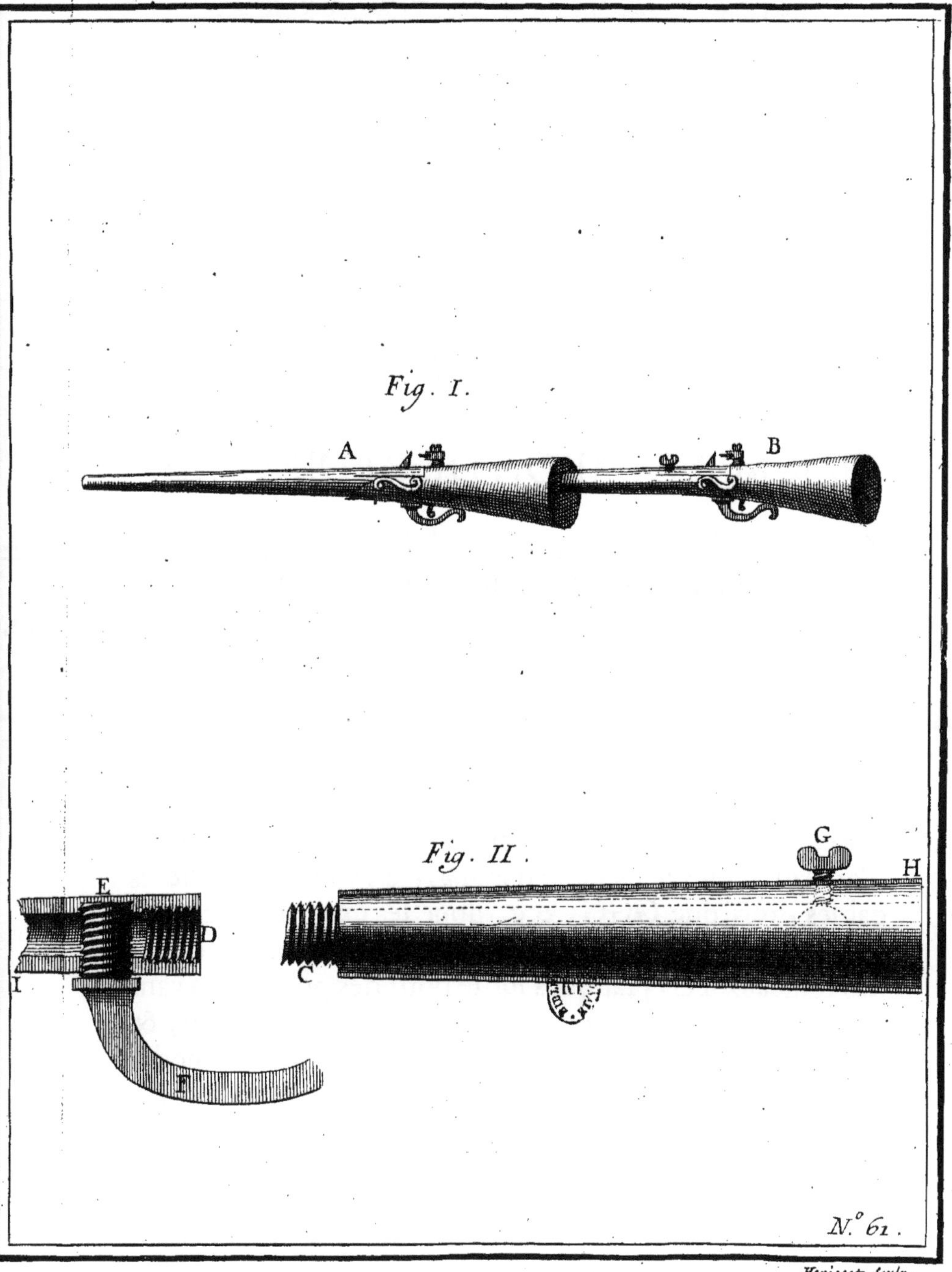

MANIERE DE RELEVER LES VAISSEAUX SUBMERGÉS INVENTÉE

PAR M. LE BARON DE REDINGUES.

LE Vaiſſeau AB étant au fond de la mer, pour le relever on ſe ſervira de pluſieurs pontons tels, que CD, que l'on amenera à l'endroit où le Vaiſſeau eſt ſubmergé. Le nombre de ces pontons ſera proportionné à la groſſeur du Vaiſſeau; on fera plonger pluſieurs ouvriers dans le fond avec une grande quantité de grelins, que l'on paſſera pluſieurs fois dans les ſabords EE, & dans ceux qui leur répondent de l'autre côté. Le Vaiſſeau étant ſaiſi par ces cordages qu'on aura fait paſſer, tant dans la batterie d'en-haut, que dans celle d'en-bas, on y joindra pluſieurs cables, tels que GGG, &c. dont les extrémités iront ſe garnir aux caliornes HH. Ces cables ſeront appuyés ſur des rouleaux IL, pratiqués ſur le bord des pontons. Ayant donc 1 ou 2 pontons de chaque côté du Vaiſſeau, & garnis de même, le jour pris pour manœuvrer, on attendra l'heure de la baſſe mer; enſuite on garnira le funin de chaque caliorne à un cabeſtan N, que l'on fera tourner; & après avoir bandé les cables autant qu'il ſera poſſible, on laiſſera les pontons dans cette ſituation, qui néceſſairement 1700. No. 62. FIG. I.

Cc ij

monteront à mesure que la mer montera, en soulevant le
1700. Vaisseau: on le transportera pour lors entre deux eaux,
No. 62. faisant marcher le tout ensemble, comme on le voit dans
FIG. II. la seconde Figure, jusqu'à l'endroit où l'on veut l'échouer.

Il faudra que les pontons soient plus chargés du côté opposé au tirage, que de ce même côté.

Le succès de cette manœuvre seroit douteux, si on l'appliquoit à un Vaisseau submergé depuis longtems, parce qu'il y auroit à craindre que les hauts du Vaisseau ne se séparassent du fond, sur-tout si le Vaisseau étoit chargé dans le tems du naufrage.

Maniere de relever les Vaißeaux submergés

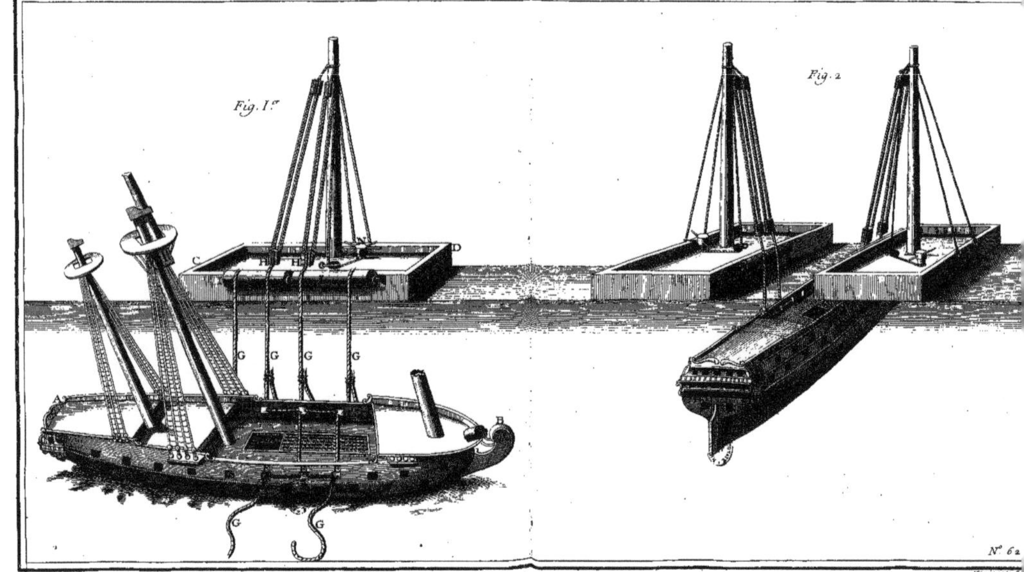

MACHINE HYDRAULIQUE

INVENTÉE

PAR M. ADRIEN DE CORDEMOY.

L'ON n'a point fait ici de bâtis pour soûtenir la Machine, afin d'éviter la confusion du dessein. L'on supposera donc que le chassis ABCD qui est fixé à l'arbre EF, est mobile sur les deux points EF; que ce chassis fait les mêmes vibrations que feroit un pendule autour des mêmes points. Cela supposé, voici la Mécanique employée pour monter l'eau.

1700. N°. 63. FIG. I. & II.

Les côtés AD, BC du chassis contiennent dans leur épaisseur des cassotes MNOP, ausquelles sont attachés des tuyaux RM, MO, ON, NP, PS; aux extrémités de chaque tuyau sont des soupapes : par exemple, le premier tuyau SP a une soupape dans la cassote P; le second tuyau PN dans la cassote N, &c. excepté le dernier tuyau MR, qui est celui du dégorgement; cette construction étant conçuë, en voici les effets.

FIG. II.

Le premier tuyau trempant dans l'eau d'une certaine quantité, si l'on tire le pendule de L vers Y, l'eau entrera par l'ouverture jusques dans la cassotte P, en ouvrant la soupape, qui peut se renverser en ce sens là. Laissant aller le chassis, l'eau qui tend à sortir de la même cassote P fermera cette soupape, & ne pouvant plus retourner dans le tuyau S, s'écoulera dans le tuyau PN, qui par le mouvement alternatif du chassis au-delà de la perpendiculaire

1700. deviendra horiſontal, ou même incliné en ſens contraire, & par-là on tirera dans la caſſote N, & ainſi de tous les

Nº. 63. autres tuyaux & caſſotes, juſqu'au dégorgement en R.

Il paroît que pour mieux agiter cette Machine en maniére de pendule, & lui faire produire ſon effet, il eſt néceſſaire que l'extrémité L ſoit tirée de chaque côté par deux cordes oppoſées. On croit qu'étant bien exécutée, & d'une matiére legére, comme de fer blanc, elle pouroit réüſſir.

Machine Hydraulique.

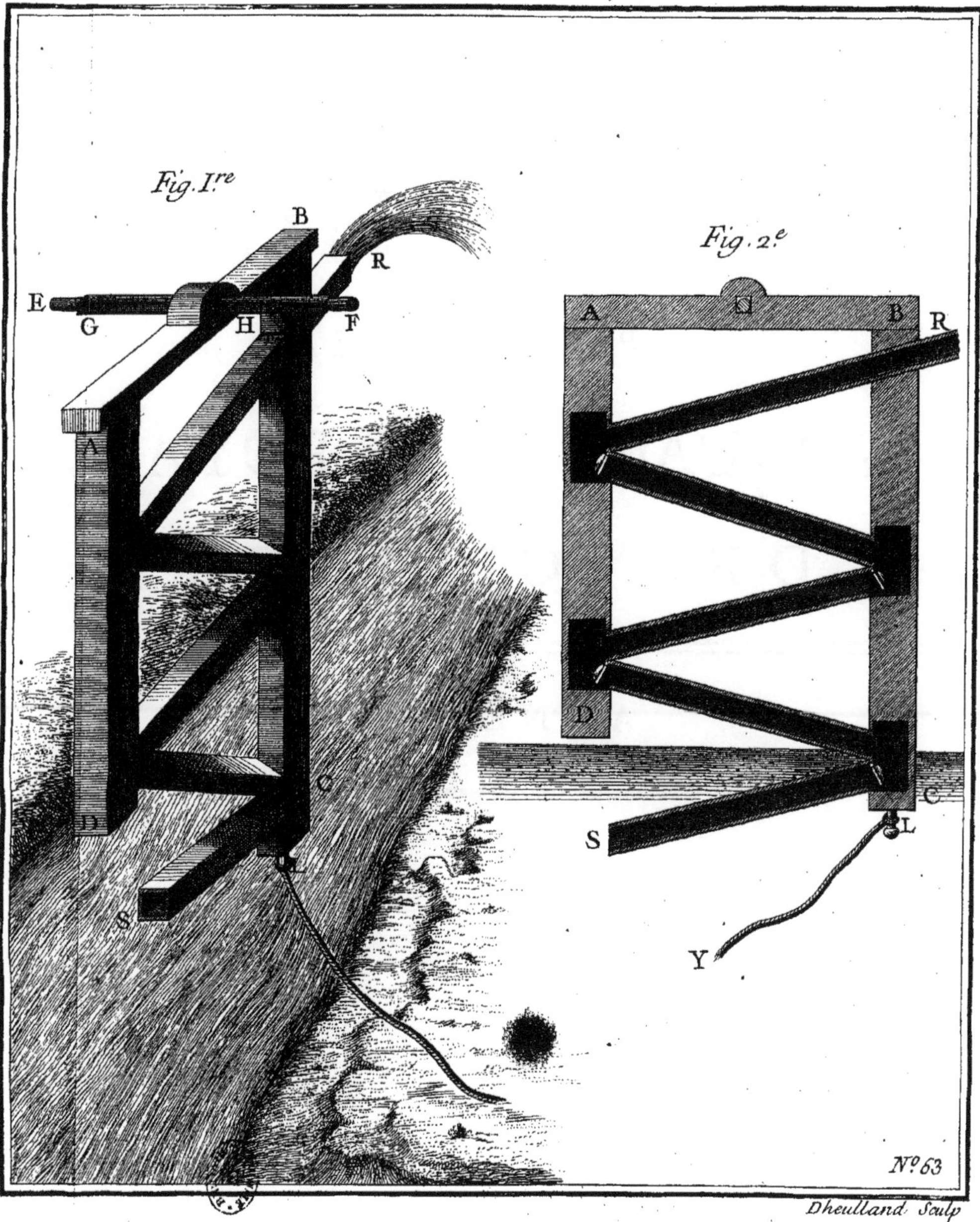

Dheulland Sculp

RECUEIL
DES MACHINES
APPROUVÉES
PAR L'ACADEMIE ROYALE
DES SCIENCES.

ANNÉE 1701.

CRIC

CRIC CIRCULAIRE

PROPOSÉ

PAR M. THOMAS.

CETTE Machine est composée d'une grande rouë A, au centre de laquelle est fixé un tambour cannelé C, 1701.
autour duquel se roule la corde attachée au fardeau. La N°. 64.
rouë A est menée par un pignon D porté par la rouë dentée B, qu'un second pignon E fait mouvoir à l'aide d'une manivelle F qui lui est adaptée. Tout cet assemblage est renfermé dans la cage ZY, que l'on saisit par des cordes à un point fixe P. Ces rouës peuvent se démonter en ôtant la clavette ou cheville K, qui donne la liberté de lever la patte à charniére R; pour lors la piéce Q s'abat, & le Cric se trouve démonté. Voici le calcul de son avantage.

CALCUL.

La manivelle F étant supposée d'un pied de rayon, son pignon E de 3 pouces aussi de rayon, un pied pour le rayon de la rouë B, 3 pouces pour celui de son pignon, un pied & demi pour le rayon de la rouë A, 6 pouces pour celui du treüil C, suivant le principe général, la puissance sera au poids, comme le produit des rayons des pignons est au produit des rayons des rouës; c'est-à-dire, comme $\frac{1}{32}$ à $1\frac{1}{2}$, ou 1 à 48; donc une force de 10 livres appliquée à la manivelle fera équilibre avec une résistance de 480.

1701. N°. 64. Ce Cric ne differe en rien d'essentiel d'une Machine de Stevin, appellée *Pancratium* : cependant il peut être quelquefois plus commode, à cause du peu d'espace qu'il occupe, & de la maniére dont les forces sont appliquées contre le fardeau. M. Thomas a fait en 1703. quelques applications de son mouvement, qui ont paru bonnes, comme à la gruë & à un chariot chargé d'un fardeau.

Voyez 1703.

Cric Circulaire.

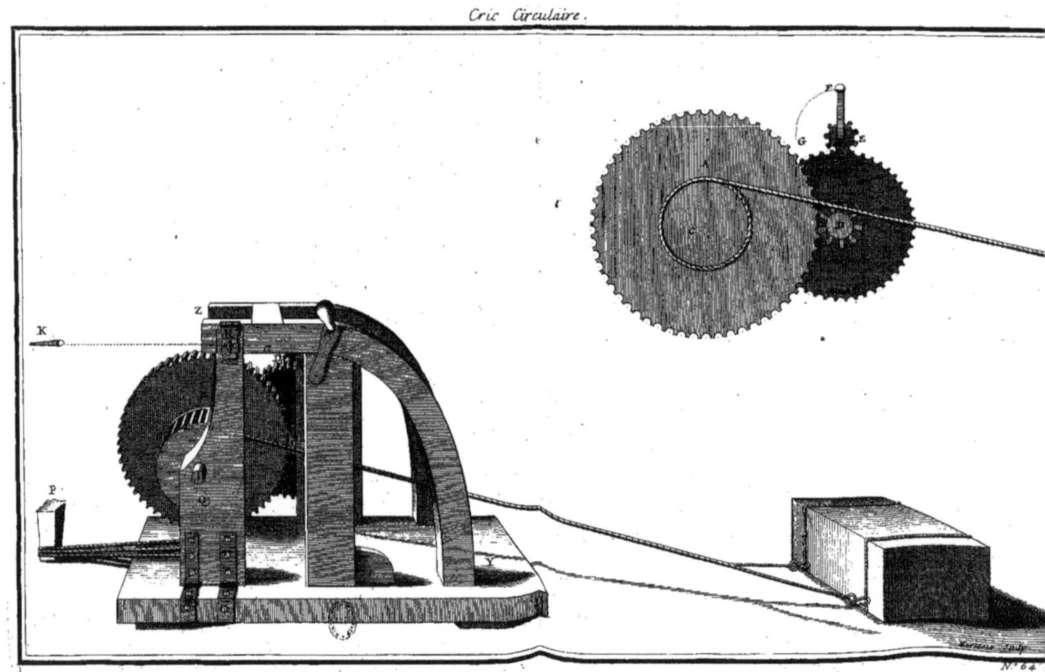

N.° 64

MACHINE

POUR REMEDIER A LA FUMÉE,

PROPOSÉE

PAR M. DE FARGUES.

ABCD eſt une cage ſolidement attachée ſur le deſſus du tuyau de la cheminée G; cette cage renferme un cone EF, creux & tronqué, dont on a ôté une partie du pourtour. La baſe FD eſt formée par une portion de cercle. La partie ſupérieure E eſt tout-à-fait pleine; ces ſortes de cones ſont ordinairement appellés Chapeaux : celui-ci peut tourner librement ſur ſon axe, & eſt élevé un peu au-deſſus des bords de la cheminée; il porte dans ſon milieu un cercle H garni de pointes de fer, ſur lequel paſſe une chaîne ſans fin, qui paſſe auſſi ſur une rouë I pareillement garnie de pointes de fer, & fixée au milieu de la tige d'une girouete LM; d'où il ſuit que la girouete ne peut tourner ſans que la rouë I ne tourne auſſi, & par conſéquent ne faſſe tourner le chapeau H, lequel par ce mouvement préſentera ſon côté plein au vent, pourvû que le milieu de ce côté plein ait été une fois poſé dans la direction de cette girouete, & tourné d'un côté oppoſé.

1701. No. 65. Fig. I.

De cette maniére, ſi la girouete prend la ſituation L *l*, le chapeau fera le chemin H*h*, & par conſéquent s'oppoſera au vent, en donnant la liberté à la fumée de ſortir hors du tuyau. Il y a cependant certains cas où la Machine

Fig. II.

ne remedieroit peut-être pas à la fumée. Par exemple, lorſ-
1701. que les vents ſont trop horiſontaux, ils peuvent paſſer dans
N° 65. l'intervale qui reſte entre le bord de la cheminée & la baſe du chapeau, & encore à la fumée cauſée par le ſoleil lorſqu'elle en eſt éclairée ; au reſte cette maniére d'établir des chapeaux ſur les cheminées, quoique d'un plus grand coût, eſt beaucoup plus ſolide que les chapeaux ordinaires, d'autant que ceux-ci n'ont qu'une ſimple girouete qui les dirige, & ſouvent qui occaſionne leur renverſement, lorſqu'ils ne ſont ſoûtenus que par un ſeul point, aulieu que dans cette Machine le chapeau eſt retenu par les deux bouts de ſon axe ſur lequel il tourne ; car cet axe ſert encore de montant à la cage à laquelle il eſt fixé.

Machine pour remedier a la fumée.

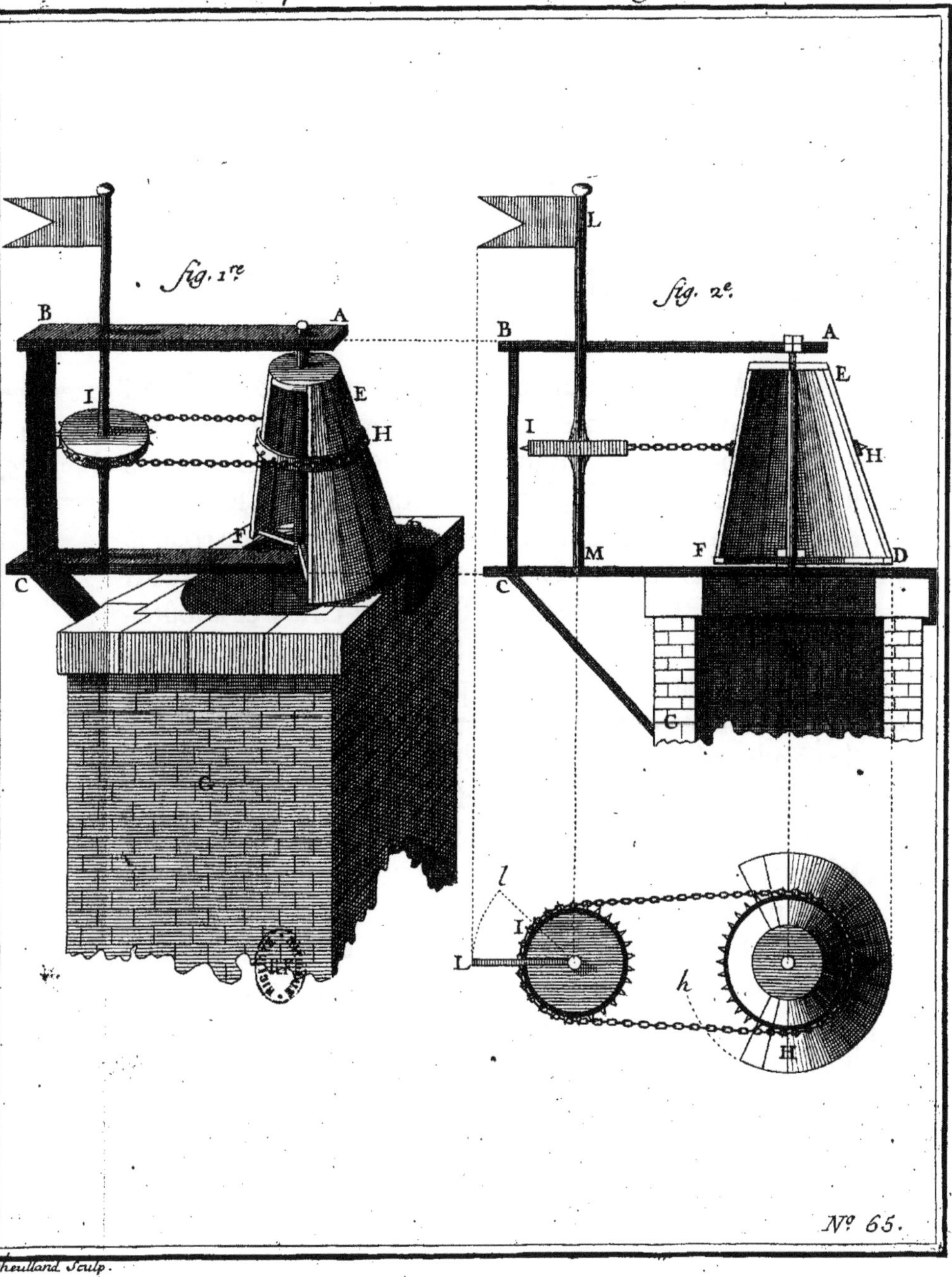

Nº 65.

Theulland Sculp.

CRIC

INVENTÉ

PAR M. GOBERT.

LA vis A sert de cramaillére; elle monte & descend par le moyen d'un écrou B, auquel est fixé la rouë à rochet I, que l'on fait mouvoir avec le levier ZLM. Le collier L de ce levier se place sur l'écrou B; & le cliquet M engréne dans le rochet I. Outre ce rochet une rouë E menée par la vis sans fin G sert encore à élever la tige A. Les rondelles CDF servent à assujétir ce Cric, & à soûtenir tout l'effort; elles sont rivées au corps de la boîte H, dans laquelle sont contenuës les piéces du Cric. La chape PP est pour assujétir ce que l'on veut arracher ou enlever. La virole Q adaptée à cette chape doit être percée en cone tronqué & renversé; son usage est d'arracher les chevilles qu'on ne sçauroit saisir à la moufle ou chape P. Le banc OO sert de monture lorsqu'on ne peut commodément se servir d'un bois de bout à l'ordinaire. 1701. No. 66.

L'écrou B, les rondelles CDF, la rouë E, & la vis sans fin G, doivent être bien polies & trempées. Le crampon N se place à vis, afin de le pouvoir ôter lorsque l'on veut passer le levier pour soulager la puissance appliquée en G.

Premier Cric

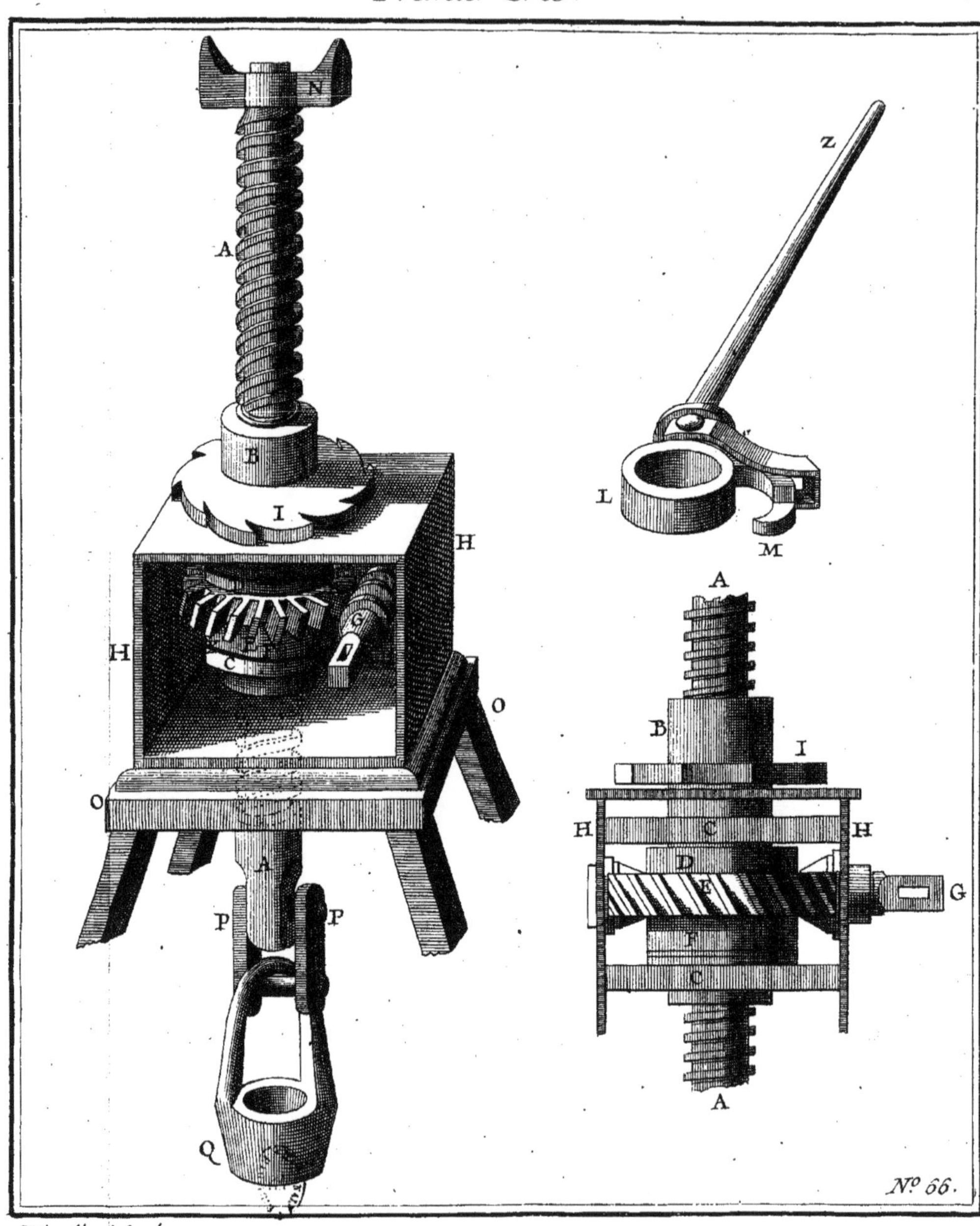

Nº 66.

Dheulland Sculp.

AUTRE CRIC

INVENTÉ

PAR M. GOBERT.

CETTE Machine est composée d'une cramaillére ordinaire AA, menée par un pignon B de quatre, fixé à la rouë dentée C; cette rouë est mise en mouvement par une vis sans fin E, à l'arbre de laquelle est adaptée la manivelle G. D est le tourillon qui porte la rouë & le pignon. Les traverses HH sont pour contenir la cramaillére, & l'entretenir dans la même direction. X est le Cric enfermé dans sa boîte. 1701. No. 67.

Les rouës & pignons de ce Cric doivent être polis & trempés de même que dans le premier.

Fin du premier Volume.

Second Cric.

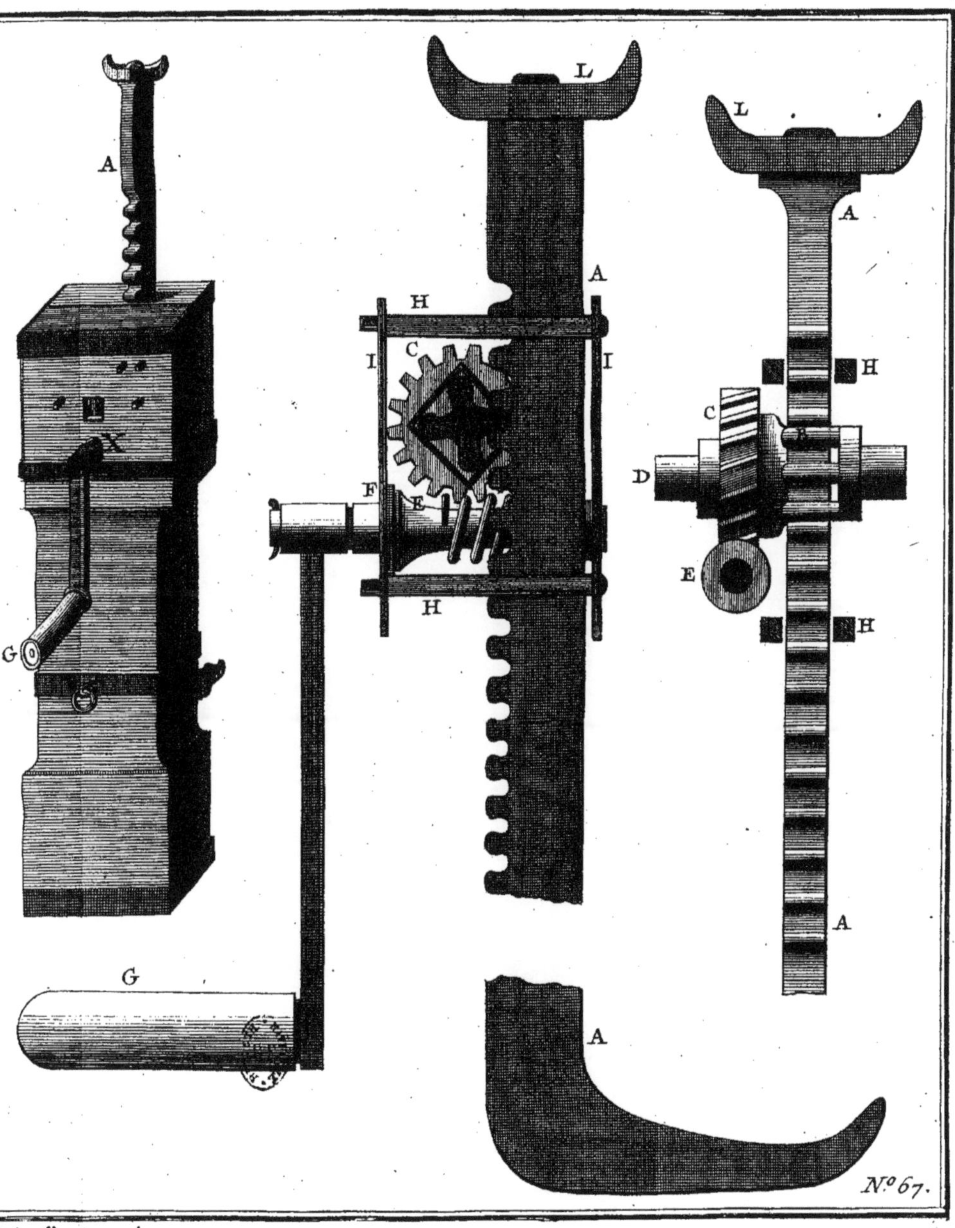

Dheulland Sculp.

www.ingramcontent.com/pod-product-compliance
Ingram Content Group UK Ltd.
Pitfield, Milton Keynes, MK11 3LW, UK
UKHW012201240726
13966UKWH00002B/492